艺术教育系列特色教材

配饰设计与制作

陈妮 主编

WUHAN UNIVERSITY PRESS
武汉大学出版社

图书在版编目(CIP)数据

配饰设计与制作/陈妮主编．—武汉：武汉大学出版社，2018.12(2021.7重印)
艺术教育系列特色教材
ISBN 978-7-307-20394-5

Ⅰ.配…　Ⅱ.陈…　Ⅲ.服饰—设计—高等职业教育—教材
Ⅳ.TS941.2

中国版本图书馆 CIP 数据核字(2018)第 162652 号

责任编辑：徐胡乡　　责任校对：李孟潇　　版式设计：汪冰滢

出版发行：**武汉大学出版社**　(430072　武昌　珞珈山)
(电子邮箱：cbs22@ whu.edu.cn 网址：www.wdp.com.cn)
印刷：湖北恒泰印务有限公司
开本：787×1092　1/16　印张：12.25　字数：306 千字
版次：2018 年 12 月第 1 版　　2021 年 7 月第 2 次印刷
ISBN 978-7-307-20394-5　　定价：56.00 元

总　序

教材是教学内容和教学方法的载体，是一个学校教学、科研水平及其成果的重要反映，也是高校三大基本建设内容之一。做好教材建设和管理工作，提高教学质量，不仅直接影响到课程目标的实现和功能的发挥，也直接关系到人才培养的质量。

作为湖北艺术职业教育的先行者和领头军，湖北艺术职业学院经过56年的丰厚积淀和创新发展，在办学理念、办学规模、办学效益以及教学改革、人才培养质量等方面都得到了长足发展。特别是近10年来，学院始终紧扣国家文化强国和职业教育事业跨越式发展的时代脉搏，紧跟文化产业发展步伐，走上了“质量立校、特色发展”的快车道，引领了我省艺术职业教育的发展。尽管如此，我们十分清醒地认识到，艺术职业教育依然处在机遇和挑战并存、特色和创新共进的发展阶段。如何进一步适应艺术人才就业岗位需求，更新艺术职业教育教学方法，完善科学的艺术职业教育课程和教材体系，依然是摆在我们面前的十分紧迫的重大课题。

基于上述认识和思考，学院高度重视课程与教材建设工作，把它列为“十二五”期间学院事业发展的主要任务和重点工作之一，明确提出了“构建国家级、省级和校本‘三级’教材体系”的目标。近两三年，在教学研究与督导室同志们的精心组织和大力推动下，广大一线教师积极参与，潜心编撰，学院教材建设工作取得了突破性的发展。截至目前，学院教师编写全国高等艺术职业教育教材，已出版发行8部，列入后续出版计划7部，校本专业特色教材15部。更令我们感到欣喜的是，这一批教材不仅突破了传统教材的框架束缚，探索出了以项目、任务为导向，以能力培养为重点，体现基于实践的学习过程的教材新模式，编写手段、方法更加先进，更加适应社会经济转型和文化产业升级发展对艺术人才职业能力的需求；同时内容上更加符合行业规范和职业标准，也十分注重吸收具有民族精神和地域特色的非物质文化遗产内容，对实现高校的文化传承功能发挥着重要作用。

此次艺术职业教育系列教材的整理、编辑和出版，是对我院不断深化的艺术职业教育教学改革成果的提炼和总结。下一步我们要按照分类计划、梯次推进的原则，逐步完善专业核心课、专业基础课、专业特色课和人文基础课教材的开发与建设，大力促进艺术职业教育课程体系的系统化、规范化、科学化和特色化，推动艺术职业教育又好又快发展。

二〇一三年十一月六日

前　言

随着物质文明和精神文明的不断发展和推进，配饰设计已经成为众多艺术门类中的一个重要分支。配饰品伴随着服装、人物造型等相关专业共同进步与发展，它们之间相辅相成，相互依赖。本教材结合高职高专设计类学生的特点，注重知识内容的实用性和综合性，删减以往类似教材中较刻板的理论知识点，将更多的学时和内容重点放在实用设计方法、设计技能以及设计过程的阐述上。教材把突出知识的应用性、实践性作为重中之重，因而非常注重学生对知识应用能力的培养，章节大多采用案例教学，通过案例对学生进行实训，这也符合新时代发展的要求，反映出不同领域的新技术、新工艺、新材料的情况，使得教材内容不断地跟随着市场的发展而更新，做到与时俱进。

国内的大部分配饰学或配饰品设计教材，章节内容理论多于实践，针对性不强，属于面的层次，具有普遍性。专科院校适用的理论结合实操教材根本没有，而本教材的针对性较强，并且结合不同的人物造型风格来制作配饰品，始终抓住职业教育的特点。另外，本教材在很多章节上采用案例教学，实践性较强，同时配合有实训部分进行教学，努力训练学生对知识的实操性和综合运用能力。

笔者具备较好的“双师”素质，通过八年的教学经验，积累了大量的实训作品，特别在配饰设计课程中积累了较多的优秀案例、教学成果和优秀学生作业。本教材对已有的教学总结进行修改和完善，其最终的出版将弥补配饰设计与制作实训教材这方面的空白。

本教材的特点在每章节的案例解说与制作部分，所有饰品案例制作均由编者独立完成，本书中所有学生作品都是编者在教学中独立指导完成的。

陈妮

2015 年 3 月

目　录

第一章

配饰的概念及内涵

☞学习目标：

通过本章学习，让学生了解配饰品的概念和作用，了解配饰品的分类以及配饰品的设计条件与风格。配饰是实用性与装饰性、艺术与技术、物质文明与精神文明相结合的产物，具有一定的艺术形式和实用价值，不仅在内容与形式上有自身的特点，在表达上也具有独特的文化艺术。同时它也是一门涉及领域极广的边缘学科，它与艺术、美学、历史文化、宗教、文学以及人体工程学等自然科学都密切相关，是一门综合性的艺术设计学科。

第一节　配饰的基本概念与作用

一、配饰的内涵

配饰是一种社会艺术文化现象的缩影，同时也是一面反映现实生活的镜子，它具有一定的思想情感和深厚的文化底蕴，承载着人类文化发展内涵。

二、配饰设计作用

配饰品是人类启蒙的最初状态，并随着社会的不断发展而演变着，它的出现可以追溯到人类的起源，当我们的祖先还在洞穴而居、茹毛饮血的时候，就知道用各种物品来美化自己的身体。用一种最原始的方式来进行装饰，这不仅仅是原始人类生活的重要内容，也是现代一些土著民族常见的装扮方式。如埃塞俄比亚南部的 MURSI 部落以及苏丹和肯尼亚的一些原始部落（如图 1-1、图 1-2 所示）。

随着人类社会的发展、物质生活水平的提高，人们的精神文化水平也不断提高，配饰品不仅可以满足人们生理方面的需求，更适应了人们对更高的美的追求。由此，配饰品不仅有着丰富的历史文化内涵，而且既具有美学功能又具有实用性价值。配饰的品质和价值也反映出人们在各个层面中的需求，从个人的穿戴上可以体现他的个人喜好、性格特征和社会地位等。

图 1-1　埃塞俄比亚的部落

图 1-2　肯尼亚的部落

三、配饰品的分类

配饰品是除服装以外的所有附加在人体上的装饰品或携带物品，配饰品种类很多，按照不同的要求可分为不同的类型，比如可以按装饰部位分类、按照工艺方法或不同材料特征分类等，现当代也把直接加在身上的装饰物，如发型、化妆、纹身、涂粉、结疤、毁形（如缠足）等，也归为配饰品中的肌体装饰设计（如图 1-3、图 1-4 所示）。一般而言，在系统全面的大类系中可将配饰品分为以下三大类：

图 1-3

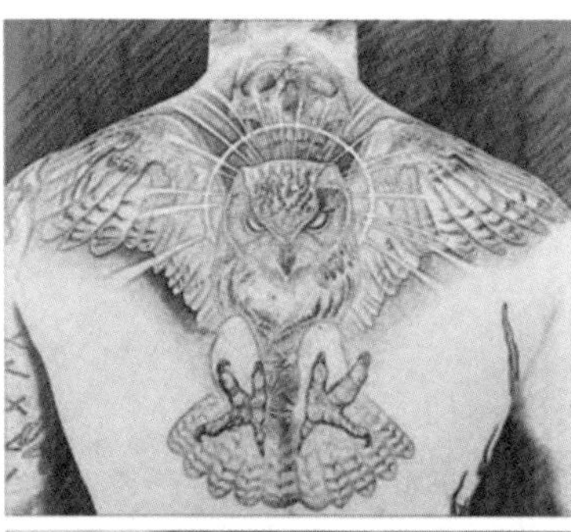

图 1-4

（一）附属品

（1）保护用品，如：帽子、围巾、手套、眼镜、面具、口罩、头巾等。

（2）装身用品，如：领带、领带夹、袖扣、皮带扣等。

（3）固定用品，如：腰带、皮带、绳带、钩子、扣子等。

（4）识别用品，如：胸章、徽章、臂章、名片、缎带等。

（5）保洁用品，如：面纸、手绢、湿纸巾、吸油纸等。

（二）装饰品

装饰用品，如：头饰、颈饰、胸花、腕饰、腰饰、指足装饰、甲饰等。

（三）携带品

（1）购物用品，如：背包、书包、公文包、包裹、篮子、购物袋等。

（2）防护用品，如：雨伞、遮阳伞、手杖等。

（3）职业用品，如：相机、手表、手机等。

（4）嗜好用品，如：化妆品、扇子、打火机、烟具、酒具等。

第二节　配饰的设计条件

配饰设计的条件主要分为三个方面：设计、材料与制作。在设计过程中又包含造型要素、色彩配置以及设计对象。首先，配饰的产生条件要从设计开始，这就要求设计师具备各类工艺制造的常识。如对风格进行定位、对流行趋势等具有敏锐的直觉及操控能力，以及对客户群的分析，不同的年龄与性格、不同的职业与经济收入、不同的环境与场合，对配饰的设计要求也会有所不同。所以说，这些条件在配饰设计中也极其重要。

现代科技推动了社会的发展和经济的腾飞，改变了人们的生活方式。高科技以及基因工程等科学技术的快速发展，带动了新型材料的开发和加工技术的应用，拓展了设计师的思路和创作条件。材料如同配饰的创作源泉与生命，不同质感的材质和原料可以直接反映出配饰品档次的高低；同时，元素风格的把握应用也要结合时代感，千变万化的自然界为我们提供了各种不同的材料元素，一个好的配饰设计师应该思维开阔，对材料的选择与运用应当具有创新精神。

制作是配饰品完成的最后阶段，要求设计者对配饰设计工艺与结构有很完整的把控应用能力，能快速有效地完成设计方案。

一、配饰设计要素

配饰设计内容和品类都很多，不论是造型设计、色彩应用、使用材料，还是制作方法都有很大的区别，然而在设计要素、构成规律与设计构思等方面又有着相同的因素。我们在对配饰进行设计造型时，一定要从整体上掌握它，从而不断地培养自身的审美能力、观察能力、想象能力以及敏锐的鉴别能力。

（一）设计主题

任何设计作品都需要一个好的设计主题来进行引导，主题的确定决定着设计作品的风格和特征，它是决定作品是否成功的重要元素，设计作品通过主题定位来加强它的艺术性、审美性和实用性，而主题在大的方向上也能反映出时代气息和流行风尚。

（二）配饰设计的色彩要素

不同的颜色所产生的激情给人带来不同的效果和感受，每个人对于色彩都有自己独特的感触，在人的视觉形成过程中，色彩是第一个闯入人的视域范围的，它具有先声夺人的效果，在配饰设计中，色彩具有极强的主观性，它可以使黯淡的作品变得绚丽多彩，给沉静的作品带来活力。创造出完美的色彩搭配是设计师至关重要的表现手段。掌握好配色规律和色彩的性能是非常必要的。

在配饰设计中，大多采用色彩性格调和的方法进行设计，把多种色彩因素融合在一起，要在变化中求统一，统一中求变化，以统为主，变化为辅，这样美感才会更加强烈，秩序感才会更明显。常用的方法如：同一调和、近似调和、渐变调和、面积调和、隔离调和、几何秩序调和。

1. 同一调和

在色相、明度、纯度三种属性中，有一种要素完全相同，可以称为单性统一调和。在三种属性中有两种要素相同则称为双性统一调和。同一调和的设计作品整体感较强，作品给人含蓄、高雅、质朴的情怀。

2. 近似调和

近似调和指在色相、明度、纯度三种要素中，其中某种要素近似，变化其他两种要素。近似调和与同一调和相比，有更多的变化和发展空间。

3. 渐变调和

渐变调和将对比强烈的色彩做要素的等差排列，也就是依靠色相的自然推进，或明度的明暗调变化，以及纯度的逐渐减弱，来进行色彩设计，这样可以使单一的配饰元素通过色彩的渐变关系变得更加有秩序。

4. 面积调和

面积调和通过各色彩在画面中形成大小面积对比的关系，使其中一色的面积增大以绝对的优势压倒其他色，形成统治与被统治的关系而取得调和。这种调和关系在配饰中会起到画龙点睛的作用。

5. 隔离调和

隔离调和采用的是居间色的调和方法，在色彩对比中使用无彩色的黑、白、灰或者其他中性色彩在各种色相中进行穿插，减少各种颜色之间的排斥感。同时也可以起到统一作品元素的效果。

6. 几何秩序调和

几何秩序调和可以根据色相环上以三角形、四边形、五边形、六边形等位置变化来确定色彩的调和配置，这种色调调和方法在民间手工刺绣中最为常见。

（三）材质因素

在现代配饰设计的选材中，珠宝、水晶、金属、塑料、玻璃、皮革、毛毡、绳子、软陶、纺织材料等，都是常用的选材，近年来为了配合服装的返璞归真，配饰品开始流行石、骨、木、线、塑胶、席草、环保废弃材料等元素，这些材料有着不同的纹理形态、视觉和触感、细腻与粗糙、厚重与轻柔。生活的多样性、多变性以及趣味性使人们已经不再满足于那些仅仅有单纯使用功能的饰品，而是对饰品提出了更高层面的要求。我们可以将这些元素有机地结合起来做到软中有硬，柔中有刚，要在现有的材料基础上再次创造和利用，使不同的材料结合形成不同的风格，还要充分考虑配饰的时装化、个性化、季节化、环境化和市场化需求，因此在配饰设计过程中，设计者应当开拓思路，跟上时代的步伐，勇于创新。

（四）加工因素

材料虽好，不进行加工也无法成为一件好的作品，所以无论多么优秀的材料都要辅以合适的加工，作品是否成功，加工也是重要因素之一。如何加工，这要取决于材料的质地和材质，陶瓷要使用烧制的方式，玉石需采用雕琢、抛光、镂空等技术，纺织皮革面料则要使用缝制的手段，加工方法不一样，产生的美感也会不同。机械加工的产品规范、整齐，可以大批量生产，能体现出现代工艺的美感，而手工艺品的制作更富于亲切感和质朴感。

（五）个性因素

消费者的性别、年龄、个性、修养等多方面的因素不同，其要求也会各不相同，所以设计者需要根据不同的人群和市场进行分析定位，了解消费者的目的和需求、文化水平、职业习惯、服饰品味、物质能力。由此可见，个性因素的各个方面都会影响着配饰品的设计风格和要求。

在欧洲市场中非常重视为不同的消费者设计配饰品，比如为前卫女性推出的现代风格造型的配饰品，可以采用合金、塑料、玻璃为材质进行设计，给人简洁、抽象粗犷以及重金属的韵味。为古典优雅型女性设计的配饰品，庄重华贵，大多选用高档珠宝钻石、翡翠、金银玉石；为素雅型女性提供纺织物、贝壳、软陶等质朴的民间手工艺饰品。

二、配饰设计构成规律

英国的鲍山葵①在《美学三讲》中说过：“审美形式是我们生活于其中的事物的灵魂。”② 任何艺术作品都具有一定的形式美，它是促使设计作品在色彩、材质、形状等方面达到一定的组合规律而呈现出来的审美特征，它可以使设计作品营造一种气氛，与人们的思想发生共鸣，使人们得到美的愉悦和心理享受，形式美法则是在创造美的形式、美的过程中对美的构成规律的经验积累和抽象概括，主要包括：对称与均衡、齐一与参差、调和与对比、节奏与韵律、统一与变化。

（一）对称与均衡

对称是指图形或物体在对称中心周边的各个部分，在形状大小、上下左右和排列上具有一一对应的关系，对称是表现平衡的完美形态，是等形等量的组合规律。它也是在配饰设计中最常见的一种构成方式，比如：眼镜、耳环、对夹、手套、鞋子等。

均衡是指视觉的均衡状态，是物体在不同位置上量与力在视觉心理上的平衡，量等形不等、有规则的均衡又被称为相对对称，视觉中心两侧的分量相等，就可以在视觉上保持平衡，产生安定、稳重的效果。如：胸饰、双套式项链等（如图 1-5、图 1-6 所示）。

① 今译鲍桑葵。

② ［英］鲍山葵. 美学三讲［M］. 周煦良，译. 上海：上海译文出版社，1983.

图 1-5 对称式项链、耳环

图 1-6 均衡式项链、手镯

（二）齐一与参差

在设计中，形体之间的相互牵制会形成一定的规律，这是从简单逐步发展到复杂的一个过程。齐一是指按照特定的形式或因素组成一个单元，将它们按照一定的秩序排列起来，将一种群体重复组合，是形体对自身的不断复制和拷贝。

参差是指在形式中有较明显的对立因素，它是群体中局部的突然变化，一种少数与多数的对比关系（如图 1-7、图 1-8 所示）。

图 1-7　齐一颈饰设计

图 1-8　参差式手链

（三）调和与对比

调和就是将构成画面中的各个元素安定、和谐地搭配在一起，比如，在造型上，可以利用相似的结构和形体有规律的结合；在色彩上，可以根据色彩调和规律进行搭配；在材质上，可以采用相近的质地、纹理进行组合。

对比是指将不同质或者量所形成的多与少、大与小、强与弱等对比性的形态放置在一起，我们可以把它分为：形态之间的对比、形态与空间的对比、色彩之间的对比。形态对比又可以分为形状、大小、方向、多少、曲直、明暗等对比。空间对比可以分为面积、疏密、正负等对比。色彩对比有色相、明度、纯度、冷暖等对比。如图 1-9、图 1-10 所示。

图 1-9 调和式项圈设计

图 1-10 对比式包与颈饰设计

(四) 节奏与韵律

节奏是指同一造型要素有规律的重复，使之产生运动感，在配饰设计中构成节奏的因素有大与小、多与少、轻与重、长与短、粗与细、曲与直等。当节奏进行重复或者反复时，在赋予高低起伏、方向、转折、重叠等变化因素时就可以产生一种优美的韵律感。节奏与韵律在视觉形象中有一定的秩序性，同一形态按一定的节奏反复连续，整体上和谐富于变化，又使形态分别得到了强调，但在总体上有统一。在我们的生活中，到处都包含了节奏与韵律中美的因素，节奏富于理性，而韵律富于感性。如图 1-11 所示。

图 1-11　节奏与韵律式颈饰与耳环设计

（五）统一与变化

统一是一种秩序、一种协调关系，它是将变化进行内在联系的调和与安排，将各种要素、色彩之间的变化合理有序地结合在一起，使之相互关联，符合一致性的形式美原则，可以使设计变得更加严谨、朴实、调和。

变化是一种多样性的设计方法，它给人们带来情绪和视觉上的跳跃与刺激感，它将各种要素进行组合，形成一种鲜明的差异对比，而差异和变化又通过相互协调的关系形成了统一体，变化又受着统一的支配，在统一下进行变化。

三、配饰设计的构思形式与方法

（一）设计构思的形式

对于设计师来说，配饰设计的构思形式与方法是艺术创作中最重要的一个环节，构思形式可以帮助设计者提高自己的审美追求，发挥设计师的创作灵感，它可以帮助设计师从整体入手，运用正确清晰的思维方法来设计出最佳的方案。将其归纳总结，可以得出以下几个典型的类别。

1. 模仿型

模仿是人类最早的创造方式，也是生命力最强的思维方式之一，随着科技的发展，模仿的水平日益进步，由简单到复杂，无论从形式上还是功能上看，它都是创作过程的初级阶段，同时它也包含着举一反三的创造因素。在艺术领域的模仿中，更注重作品的装饰性、趣味性和功能性，特别在配饰设计中，花卉、动物、自然景物等无不是模仿的题材。如图 1-12 所示。

图 1-12 模仿型戒指与包包设计

2. 继承型

继承是对传统的模仿，并对其加以改良和创新的思想，在艺术创作中，我们必须虚心地学习和研究前人的成就和经验。在吸收和借鉴的同时，我们要有自己的见解和主张，学会取其精华，弃其糟粕，而不是盲目地照搬照抄。我们要“站在巨人的肩膀上”，才可以设计出高于前人的作品，在创作过程中只有广泛借鉴，广开思路，才可能具有综合创新的能力。

3. 叛逆型

叛逆型的思想具有较明显的反传统性，它是认知上的突变和跳跃，总是伴随着社会背景和重大变革而发生，它属于爆发式的革命，特别是在事物的新旧转换时期，它总是表现得矛盾重重，但同时，叛逆型的设计又具有独特性与创新性。在司空见惯的传统设计中，与之截然不同的新设计脱颖而出，必然会鹤立鸡群，引起社会的注意。如图 1-13 所示。

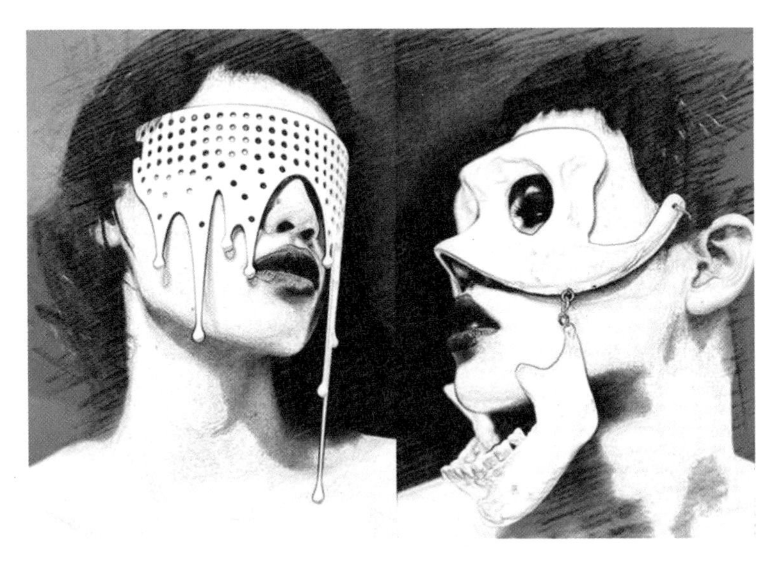

图 1-13 叛逆型面饰设计

（二）设计构思的方法

构思是设计的灵魂，在设计创作中，每个人都有自己的构思方法，整体的构思创作对设计而言，起到一个定位的作用，设计师要学会系统地、完整有序地思考。配饰设计是一项充满创造性的工作，它的创作方法不仅仅要满足传统的思维模式，更要开拓各种思维渠道，从一条思路到另一条思路，从一种意境转换到另一种意境，善于巧妙地转变创作思维的方向，在随机应变之中找到适合的办法。常见的思维方向有以下几种：

1. 多向性思维

多向性思维是指一种多侧面、多角度、多层次的立体性思维，是思维的一种高级形态。多向性思维可以锻炼设计者的感性观察能力、概括能力，从而提高抽象思维能力和感性思维能力，多向性思维是多角度、全方位的思考、观察和分析问题，这样才可以全面透彻地了解事物的本质特征。

2. 发散性思维

发散性思维就是紧紧围绕一个中心点，在与之相关的领域内形成发散式地吸收一切与之有联系的因素，可以理解为，个人的思维向着不同的方向扩展，使观念发散到各个有关方面，最终产生多种可能的正确答案，因此容易产生有创见的新颖观念和想法。所以说，想象是人脑创新活动的源泉，联想使源泉得以汇合，而发散思维为这个源泉的流淌提供了广阔的通道。

3. 逆向思维

逆向思维是一种带来突破性思维的方法，从问题的相反方向出发，寻找突破的新途径。在配饰设计中采用逆向思维的案例也很多，如：把脖子上的项链拿到头上来使用，把脚上的鞋子拿到头上来创作，把原始的东西拿到现代来搭配等。由于思考角度的大转变，常常能取得意想不到的效果。

4. 灵感思维

灵感的激发是以深厚的生活积累、较强的艺术修养和丰富的社会实践为基础的。艺术来源于生活，又高于生活，而生活中的很多事物又为我们提供了很多素材和心得感受，这些感受经过升华又可以成为设计师的灵感来源。很多著名的服装发布会的创作灵感来源于自然界中的美丽景象。任何一个设计师在创作中的思维和灵感，都是从生活中得到启示，灵感的涌现就是沉淀、升华生活中的瞬间。这种突然触发的灵感实际上是以长期寻觅、艰辛探索为基础和前提的。

5. 联想性思维

联想性思维是指时间、空间、外形、性质上的相似都可能引起不同事物之间的联想。艺术的创作离不开记忆和联想，由于每个人的生活阅历、艺术造化、文化素养等都不尽相同，所以即使对于同一个意念进行联想，其结果也会有所不同。虽然联想思维是模糊不清、快速闪现的过程，但是却能被设计师快速捕捉，成为创作的源泉。

6. 比较思维

比较思维是指寻找事物之间的相同点与不同点的思维方法。在设计创作中，我们应对饰物加以分析和研究，如：对不同年代、不同民族、不同风格特征、不同造型手法进行比较研究，这就要求设计师善于从具有同一性的事物中寻找其差异，或者从具有差异性的事物中寻找其同一性，经过比较，才能为思维的抽象与概括过程打下基础。

第三节　配饰的设计风格

著名的服装设计大师香奈儿说过：“时尚永远在变，但风格永存。”风格就是服饰品所呈现出来的不同面貌和意境。配饰品的变化具有再现性，它是由具体的物质形式和构造形式表现出来的，不同的造型、不同的材质、不同的色彩，以及不同的装饰手法都可以使配饰品形成不同的风格面貌，这就是配饰品赋予人们的魅力所在。

一、民俗风格

民俗风格是各民族在长期发展中形成的本民族艺术特征，它包含民俗文化、经济生活、风俗习惯、艺术传统等因素。它是一种不受流行因素影响的装束和装饰手法，是艺术起源的一个部分，这种设计风格吸取和借鉴了各民族的服饰、妆容特点，将其融入现代的审美意识中，汇集成富有意蕴的新潮时尚配饰品，使设计不断地呈现出耐人寻味的感觉。

（一）亚洲地域民俗风格

亚洲地域广大，民族众多，文化的多样性很强，如：中国的丝织品、绣花、盘扣、发簪等传统手工艺，印度的印花布、缠头巾、鼻饰、额饰、脑饰等最具特色，泰国的绢织品和日本的染织品等，大多采用植物性的染料，色彩非常独特。如图 1-14、图 1-15 所示。

图 1-14　盘扣与发簪

图 1-15 印度的配饰品

（二）欧洲地域民俗风格

在东欧、西欧及阿尔卑斯地带的传统装束中，田园风格对于现代文化影响很深，返璞归真是欧洲各地一些传统的民俗服饰特点，如亚麻布、羊毛织品、印染、刺绣等，作为服饰品的披肩、腰带、头巾也各具特色。

（三）美洲地域民俗风格

在美洲，现在多以手工编织或印花织物为主，一般采用动物或者几何纹样作为图案装饰，在服饰品上，墨西哥的宽边草帽、牛仔绳圈体现出浓浓的墨西哥民族文化和神秘的异域风情。在阿根廷城乡的节日集会上，经常可以看到一些装束特别的骑士，他们头戴黑色宽沿毡帽，腰间扎着一条镶满银饰的宽腰带，脖子上系着红色丝绸领巾，这就是富有传奇色彩的高乔人的典型装束。巴西人比较注重着装，男士衣帽整洁、着装严肃才会得到认可，女士在着装上没有严格的限制，但是她们喜欢戴手镯，并在腰上系很多垂饰。

（四）非洲地域民俗风格

在非洲，首饰在人们的生活中具有非常重要的作用，首饰不仅仅是对美的追求，也象征着财富和地位。在非洲各民族的意识中，佩戴首饰还有着特定的宗教意义和神秘的魔法力量，它可以保佑佩戴者不受邪恶的侵害。如图 1-16 所示。

图 1-16　非洲民俗配饰品

二、浪漫风格

浪漫主义风格主要是以强调女性化风格的面貌出现。它代表一种全新的浪漫、妩媚、柔软乃至奢华的气息。常使用复古、民族、怀旧或异域等主题，造型夸张独特，线条柔美或奔放，不对称和不平衡结构在造型中较多采用，配饰品色彩柔和亮丽、材料时尚，装饰手段较为丰富，如立体花、流苏、刺绣、蕾丝花边、抽褶、荷叶边、蝴蝶结、花结等。如图 1-17 所示。

图 1-17　浪漫风格

三、华丽风格

这种风格的特点是气势雄伟，节奏感强，突出夸张、浪漫、激情、非理性、幻觉和幻想的感觉。它追求一种强烈的感官刺激，造型上强调曲折多变，细节繁琐，装饰华丽，材料光艳，金、银、珠宝、水晶、羽毛等名贵物品大多为纯粹的饰品材料。这种风格处处流露着奢华与迷人的气质，使得配饰品设计追寻着奢华的古典主义韵味并充满优雅的复古情怀。如图 1-18 所示。

图 1-18 华丽风格

四、简约风格

简约风格的服饰品造型自然简洁、精致，其设计要点是无装饰性分割线，轮廓形是设计的第一要素，在设计过程中要考虑比例、节奏和平衡的关系，材料适用面广泛且精致，通过精确的结构和工艺手段，使设计达到理想的状态。

五、前卫、另类风格

这种风格强调艺术的价值存在于任何平凡的事物之中，它否定传统，标新立异，造型怪异或诙谐幽默，以创作前人所未有的艺术形式为主要特征。这类服饰品处于流行时尚的尖端，采用新型的造型方式、结构方法、特殊材料，利用现代高科技的手段进行设计，创造出很多别出心裁的个性化设计，适合当代人的休闲化、个性化的审美需求和对未来的无限畅想。如图 1-19 所示。

图 1-19 前卫、另类风格

六、田园风格

田园风格是追求一种不要任何装饰的、原始的、纯朴的自然美。它崇尚自然，反对华丽、繁琐的装饰和雕琢的美。它舍弃了经典的艺术与传统，追求古典田园一派的自然清新气象，在情趣上享受纯净与自然的朴素，设计师从大自然中汲取设计灵感，常取材于树木、花朵，利用天然的材质进行设计。

如今，人们在着装打扮时不只是要表现出一种视觉效果，还要表现出一种观念和情绪。作为设计师，要对各种审美意向和需求保持高度的敏感性和洞察力以及强烈的感染力，要透过流行的表面现象掌握其风格与内涵，见物生情，产生精神上的共鸣。

第二章

配饰品中的头部装饰

☞学习目标：

通过本章学习，学生将了解配饰品中帽子、头饰、面饰等的风格特点，掌握头部配饰品的制作方法和装饰手法。

第一节　帽子设计

帽子是整体服饰装扮中非常重要的组成部分，在中国历史上具有“首服”之称，它是人类在长期劳动生活中，在不同的环境、社会、审美等多种因素的影响下逐渐产生的，它与服饰的演变有着相同的历史。帽子的佩戴在不同的国家有着不同的文化和礼仪，在过去它是社会身份地位的象征，而在当今社会，帽子除了保护头部，亦可作为装扮之用，人们对帽子的要求和品味更加强烈，它已然成为流行时尚中不可忽视的亮点。

一、帽子的基本分类

帽子的种类繁多，如按用途分，可以分为遮阳帽、雨帽、风雪帽、安全帽、棒球帽、泳帽、防尘帽、浴帽等；按使用对象分，可以分为男帽、女帽、童帽、军帽、警帽、少数民族帽、旅游帽、职业帽等；按制造材料来分，可以分为呢帽、草帽、毡帽、皮帽、毛线帽、竹编帽、钢盔等；按帽子的形态来分，可以分为大檐帽、瓜皮帽、鸭舌帽、礼帽、贝雷帽、豆蔻帽、药盒帽、发箍半帽、塔盘帽、罩帽、伏头、牛仔帽、斗笠等。

二、帽子的设计特点与装饰

（一）礼帽

礼帽包括：圆顶礼帽、罐罐帽、翻折帽、中折帽。如图 2-1 所示。

（1）圆顶礼帽也称作常礼帽，是毛毡帽的一种，特点是圆顶。圆顶礼帽是 19 世纪男子戴的一种便帽，在英国伦敦，这种帽子是当时绅士与文化的象征，因此颇受社会小康阶层的喜爱。

（2）罐罐帽是一种轻便的礼帽，帽身呈直立状、平顶，罐罐帽的造型特点是帽身上下一样大，其帽檐一般呈水平状，窄而硬，帽底座一般会有一圈丝织布进行滚边。这种礼帽一般与礼服相搭配，显得庄重而气派。

（3）翻折帽可以分为几种形式：前翻帽，仅帽檐的前部分向上翻折；后翻帽，仅帽檐的后部分向上翻折；全翻帽，全部帽檐向上进行翻折。它的帽顶造型分为圆顶和平顶两种，帽身分割线的形式较为丰富。

图 2-1 礼帽

（4）中折帽也属于礼帽的一种，其特点是中间低两头高，帽顶中间下凹，所以叫中折。这种帽型有别于复古的绅士风格，窄边的中折帽代替了潮人们的那顶鸭舌帽，把中折帽斜斜的戴在头上，帽子边沿稍微遮住眉毛即可显现出独特魅力。

（二）贝雷帽

贝雷帽可以分为：针织贝雷帽、毛毡贝雷帽、毛呢贝雷帽、涤纶贝雷帽。如图 2-2 所示。

图 2-2 贝雷帽

（1）针织贝雷帽可以由粗针织或细针织编织而成，按样式能够分为花样凸起或镂空样，具有柔软精美的特点。

（2）毛毡贝雷帽柔软有弹性，这种无檐软质的帽子可有多种颜色选择，上面的图案多为纯手工羊毛毡戳制而成，适合女性和儿童。

（3）毛呢贝雷帽时尚感和现代感更强，材质硬朗，便于造型，因为此款帽型没有帽檐，所以它的造型全部体现在其帽身上，帽身可加长、加宽，并且可以设计成上下一样宽。

（三）钟形帽

钟形帽起源于法国，是一种流行于 20 世纪 30 年代的女帽，因其前沿较低且自然下垂、帽顶较高、帽型像一个吊钟而得名，通常选用毛呢、绒布、毛毡或较为厚实的面料制作而成。如图 2-3 所示。

图 2-3　钟形帽

（四）大檐帽

大檐帽又可以称为遮阳帽和沙滩帽，其特点是帽檐宽大平坦，不仅可以起到很好的遮阳效果，还可以与华丽而高贵的礼服相搭配，它的制作材料大多采用尼龙或者透明与半透明织物制成，帽檐上可以有很丰富的装饰，如纱、人造花、蕾丝等。如图 2-4 所示。

图 2-4　大檐帽

（五）鸭舌帽

鸭舌帽的帽盆小，帽檐型如鸭舌，它的造型较为丰富，可以分为圆顶鸭舌帽、平顶鸭舌帽、贝蕾鸭舌帽等。其中，平顶鸭舌帽的造型较为稳重，适合与男装或带有中性风格的女装相搭配；圆顶鸭舌帽比较贴合头体，设计具有运动情调，可以适合各种人群；贝雷鸭舌帽造型夸张，年轻人使用得最多。如图 2-5 所示。

图 2-5　鸭舌帽

（六）牛仔帽

牛仔帽也可以叫做“西部帽”，因为这种帽子在美国中西部长期流行，材质多以毛毡、皮革等材料制作而成，可以遮风挡雨，实用性很强，其特点是帽檐较宽，两边向上翻卷，此帽多与牛仔装相搭配。如图 2-6 所示。

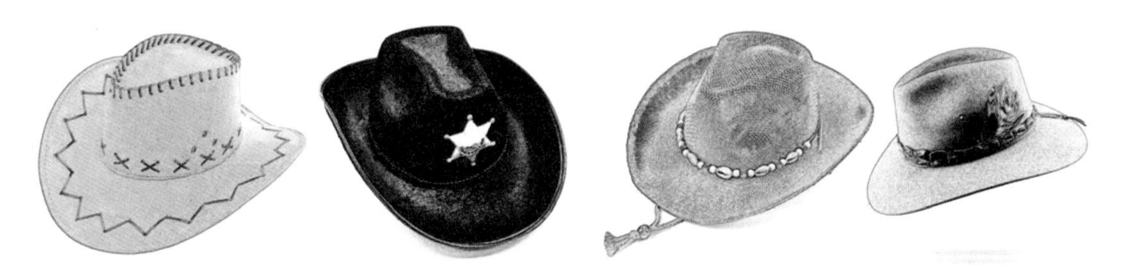

图 2-6　牛仔帽

（七）药盒帽

药盒帽的帽身较小较浅，是一种装扮在头顶上的帽子，多以圆形、椭圆形为主，戴起来小巧可爱，帽身上通常有很多装饰，如人造花、纱网、珠子、羽毛等，装饰性强，一般多与精巧别致的服装相搭配。如图 2-7 所示。

图 2-7　药盒帽

(八) 发箍半帽

发箍半帽可以称为一种发饰品，其形式多样，造型上较为传统的是一个花结或一组立体花。造型简洁朴素的可以在日常生活中使用，高档华丽的多在社交场合使用。如今，由于各种新的设计观念和各种新材料的诞生，扩大了发箍材料的选择范围，从而出现了很多利用新型材料制作的造型别致的发箍。如图 2-8 所示。

图 2-8　发箍半帽

(九) 塔盘帽

塔盘帽起源于阿拉伯，是利用一条长巾在头上盘绕而形成帽型。在装饰风格上，有的是扎成花结，有的是用带子扎住，不同的盘绕方法形成不同的外形结构，大部分是运用立体剪裁的方法将面料在模型台上盘绕而成。如图 2-9 所示。

图 2-9　塔盘帽

(十) 罩帽

罩帽是一种将头顶、头后部分全部包住的帽型，其帽型式样最早出现在古罗马，大体分有檐和无檐两种形式，其造型一般稍大于头部，实用性罩帽与传统形式相似。现在一般在室内使用，有的用来做睡帽或者童帽。如图 2-10 所示。

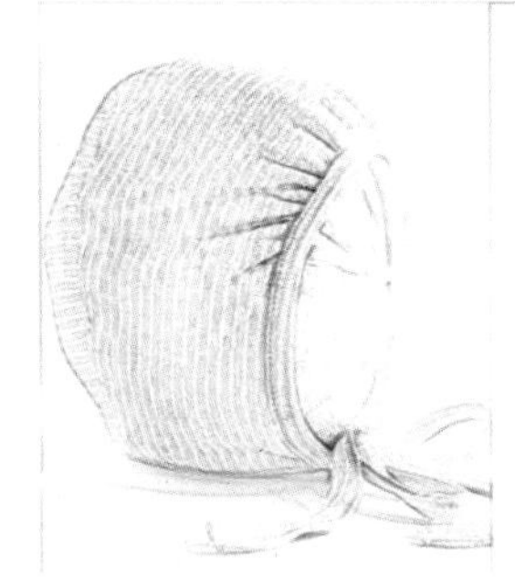

图 2-10　罩帽

（十一）斗笠

斗笠无帽檐和帽身之分，它的造型主要体现在帽身上，整个帽身呈尖形，由于它的外形比较固定，帽顶造型无法做大的改变，所以只能在帽身的大小上有些变化。当然随着现代时尚元素的注入，斗笠的材质也会有一些个性的变化。如图 2-11 所示。

图 2-11　斗笠

（十二）伏头

伏头是一种简单地覆盖头部的帽子，分为两种形式，一种是与衣着相连，一种是单独的伏头。此帽型在日常生活中使用较为广泛，形式也是多种多样。其特点是与头部紧紧相贴，所以它的外形是在紧贴头部的基础上来变化的。如图 2-12 所示。

图 2-12　伏头

三、案例解说帽子的制作方法

首先要确定帽子的底模用什么，根据帽子的造型，所需要的材料也会有所区别。

案例一：不织布羽毛晚宴帽

材料准备：不织布若干、波浪花剪一把、纸盘一个、羽毛布条、珍珠羽毛若干、德国进口 UHU 胶水、胶枪一只、胶棒若干根。

（1）首先用铅笔在纸盘上画出需要的帽子外轮廓型，画完后将纸盘修剪成需要的帽型。

（2）在不织布上用铅笔或银线笔画出若干根相等的横条，用波浪花剪将横条依次剪下。

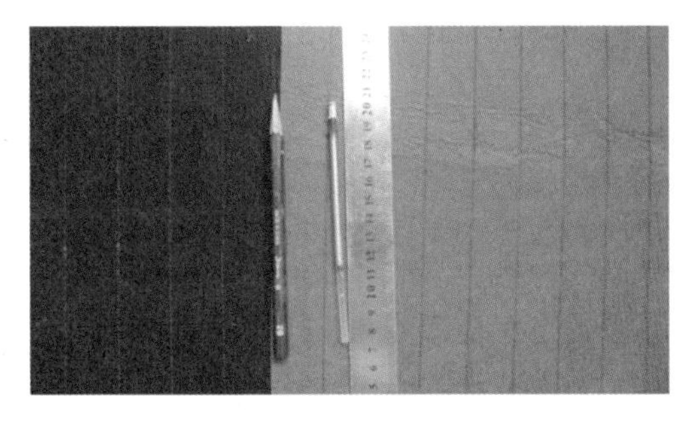

（3）顺着纸盘的底边，一层一层的将不织布折成波浪褶，用胶枪固定在纸盘上。

（4）取适当长度的羽毛布条，将布条插入到咖色波浪褶下面，用胶枪固定住。

（5）最后用 UHU 胶水将珍珠羽毛一根一根分别插入不同层次的咖色花边褶中，即可完成作品。

案例二：珍珠羽毛伏头

材料准备：气球、白乳胶、刷子、马克笔、保鲜膜、宽透明胶带、报纸、镂空勾花面料、白色背胶贴纸、大小珍珠若干颗、白色布艺花朵、鸵鸟毛若干、鱼丝线、胶枪、吹风、订枪机。

（1）先用保鲜膜将气球全部包裹好，再用宽透明胶带将整个球缠绕着绑紧。

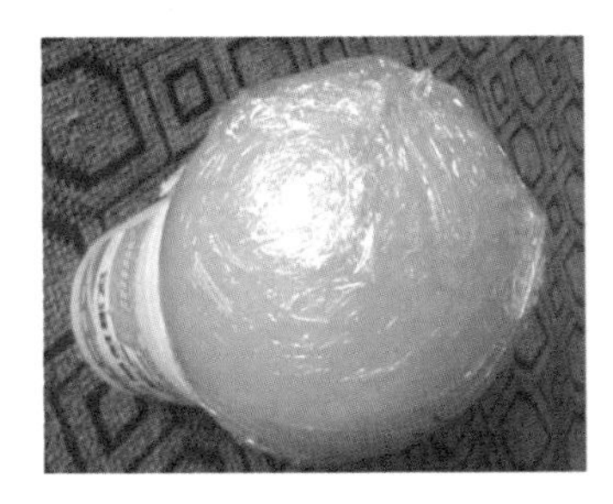

（2）将白乳胶和水按 1：2 的比例调和，匀兑好后，用杯子装起来，再将报纸剪成若干根小条，用刷子将匀兑好的胶水涂在剪好的小条上。

（3）用马克笔在包好的气球上画出帽子的外轮廓型，将涂好胶的报纸条沿着画好的边缘线逐步贴满气球上的帽子轮廓型，为了使帽子基本型牢固扎实，须在整个模型上贴 5~6 层。

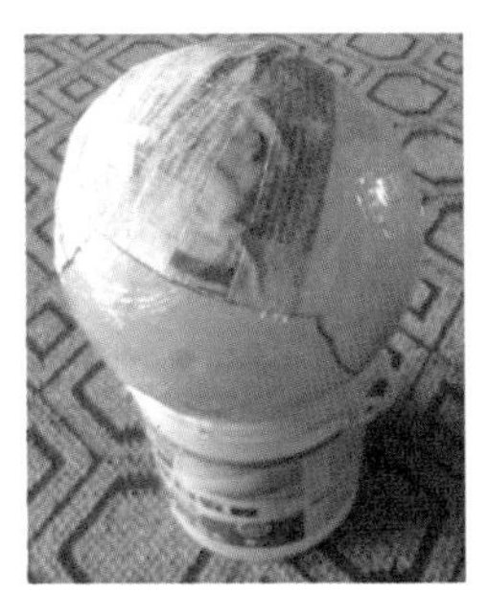

（4）将贴好的帽子模型放置太阳下晒干，或者用吹风机将其吹干，然后慢慢地取出气球，把帽子模型揭下来，去掉里面的透明保护膜即可。

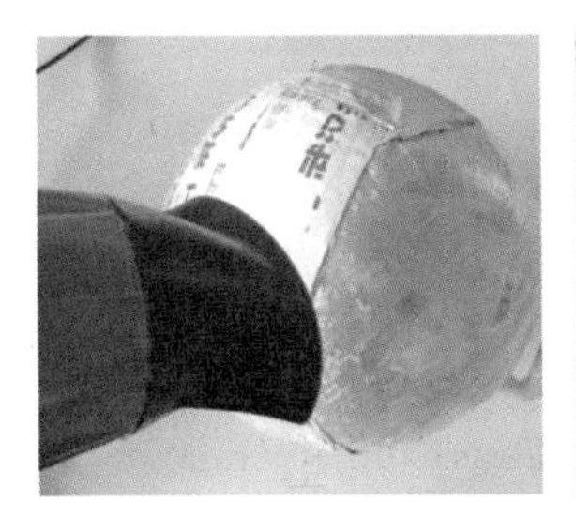

（5）将准备好的白色背胶贴纸裁剪成若干个等宽的条状。

（6）将剪好的白色背胶纸一条接着一条紧密平整地贴满帽子模型的内外两面。

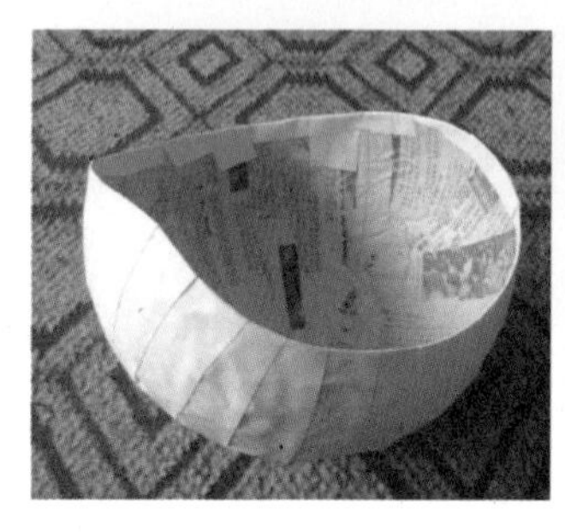  

（7）用订枪机将裁剪好的镂空钩花面料平整地固定在帽子模型上，然后将帽子边缘多余的面料修剪掉。

（8）用鱼丝线将大号珍珠等距离围绕一圈订在帽子底边上。

（9）将准备好的装饰花朵、小珍珠和羽毛用胶枪固定在帽子上面即可完成伏头的制作。

案例三：晚宴帽

材料准备：纸盘、里衬、花边布、羽毛装饰品、标记线、透明胶、双面胶、胶枪。

（1）将盘子从边缘到盘子的中心点剪一条长开口，然后将开口重叠，形成一个圆锥形，再用透明胶粘合好。

（2）用标记线在盘子上贴出帽子的轮廓型，然后把多余的部分裁剪掉。

（3）将花边布平整地贴于盘子的外部并超过盘子内侧 2cm 左右。

（4）剪出帽子的里衬，将里衬与盘子里面平整贴合。

（5）修剪里衬，使里衬小于盘子内径 2cm，用针线将里衬与花边布缝合。

（6）将帽子上的饰品用胶枪粘合好，并在帽子内侧固定好 2 个发夹，用胶枪将做好的羽毛配饰品与帽子粘合即可。

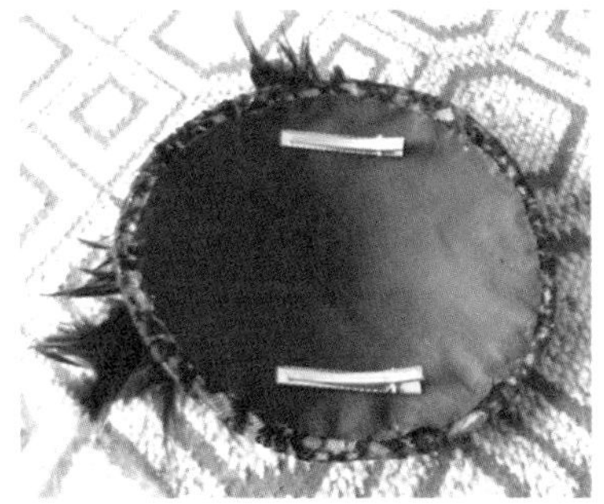

案例四：平顶小礼帽

材料准备：饼干桶、硬板纸、标记线、白乳胶、刷子、保鲜膜、宽透明胶带、报纸、PU 面料、缎带、UHU 胶水。

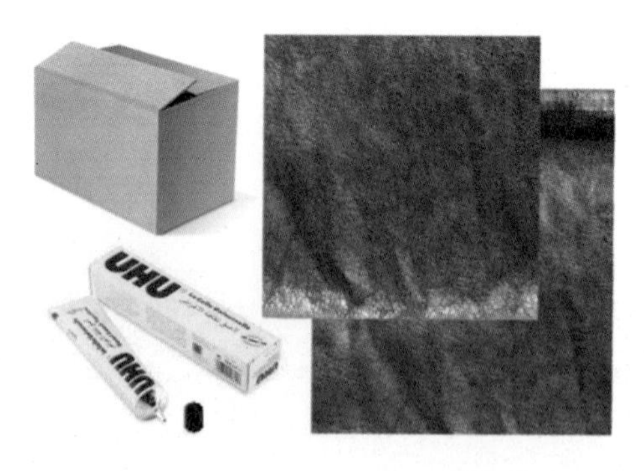

（1）找到一个适合模特头围的平顶桶或者是收纳篮，符合尺寸大小的都可以用来做帽托，然后用保鲜膜和宽透明胶将其包裹平整，用标记线把帽子的围度和高度定出来。

（2）将白乳胶和水按 1∶2 的比例勾兑好后，再将报纸剪成若干根小条，用刷子将勾兑好的胶水涂在剪好的小条上，按标记线的位置平整地贴合在饼干桶上，贴 5~6 层即可。

（3）将贴好的帽子模型放置太阳下晒干，或用吹风机将其吹干后，把帽子模型揭下来，去掉里面的透明保护膜即可。

（4）将帽子边缘修剪整齐，把帽檐的形状在厚牛皮纸上剪出来，将帽檐中间画一个和帽子底部大小一样的口，平均分成若干份剪开，折起。

（5）将折起的三角外侧贴上双面胶，与帽子内壁进行粘合。

（6）报纸条涂上白乳胶后，将帽子与帽檐内外侧平整包裹起来，重复包裹 3 遍即可。

（7）将 PU 布料剪一个略大于帽顶的圆，周边分别打上剪口，用 UHU 胶水紧密粘合于帽顶。

（8）将 PU 布料剪成若干等宽长条，用胶水粘合于帽子外壁、帽檐、帽子内壁上，再剪一个帽底大小的圆贴于帽里顶部。

（9）将准备好的缎带分别贴于帽壁上下两端，再将多余的 PU 面料做成帽子的边花固定在帽子上即可完成作品。

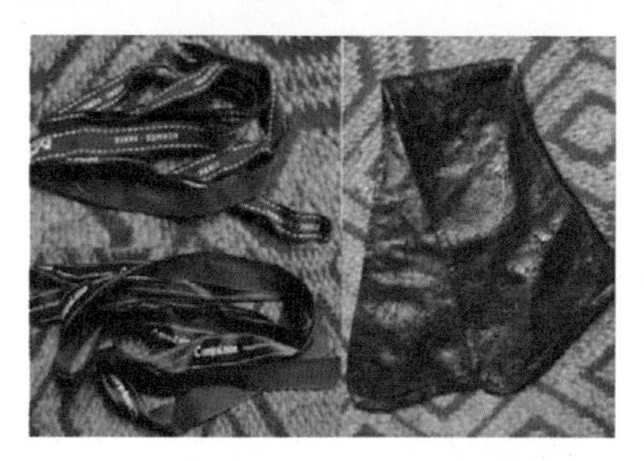

案例五：半箍发帽

材料准备：纸盘、纸杯、无纺布、发卡、双面胶、UHU 胶水、胶枪、针线。

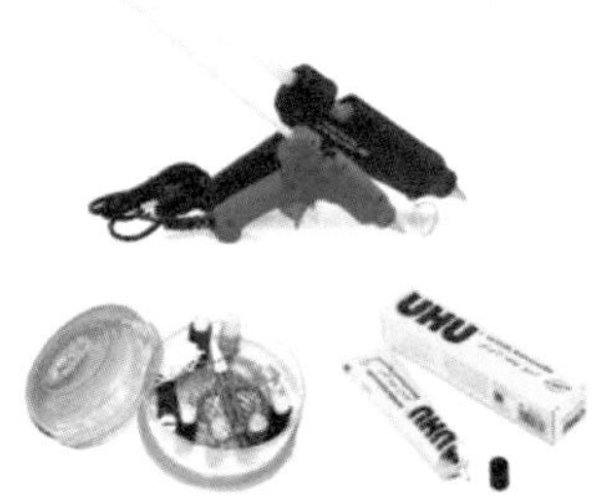

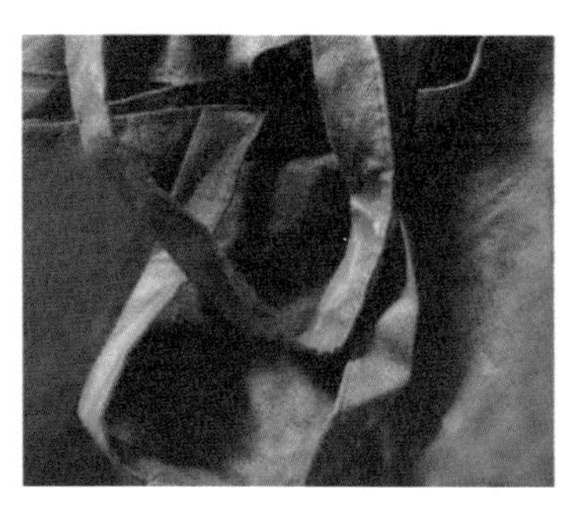

（1）用 UHU 胶水将纸杯开口朝下的位置紧密贴于盘子背面的中心点，再将废弃的无纺布购物袋剪成若干个小圆片。

（2）将小圆片分别对折 2 道，用线缝合成若干个小花瓣。

（3）用胶枪将缝合好的小花瓣，顺着帽边依次围绕着帽檐粘满，帽壁用无纺布平整包裹直至帽壁顶部，帽子顶部继续用小花瓣依次堆积粘满。

（4）将无纺布剪出帽子底部大小的等圆，平整贴于帽底。

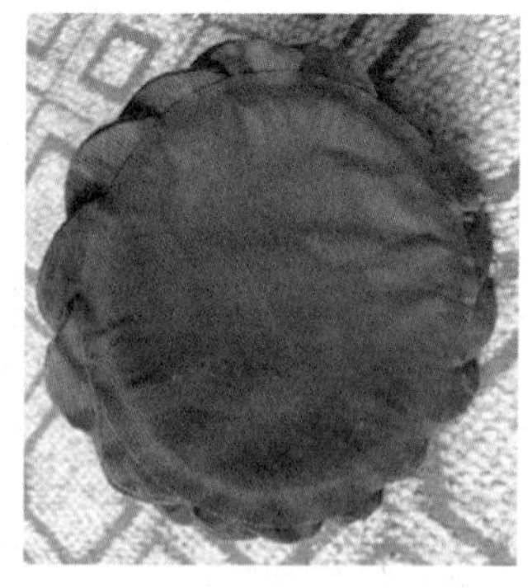

（5）在帽子底部做 2 根固定带，把发卡穿过去定好位后，用针线固定好即可完成作品。

案例六：药盒小礼帽

材料准备：纸盘、一次性塑料碗、麻绳、木珠、胶枪、双面胶、对夹、呢料、UHU胶水。

（1）用笔在呢料上画好盘子大小的圆形，裁剪时四周预留 2cm 的边，在边上平均打上剪口。

（2）用胶枪将呢料平整地粘于盘子上。

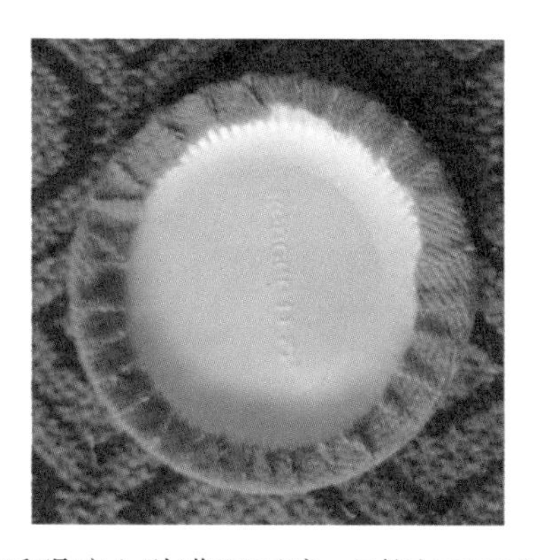
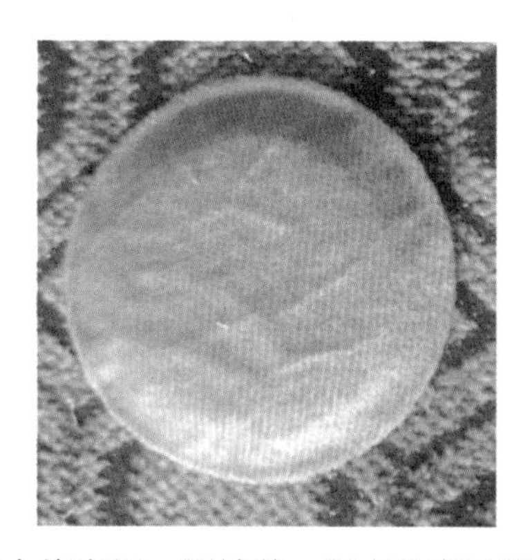

（3）在透明碗上贴满双面胶，再用 UHU 胶水将麻绳一圈挨着一圈有秩序地缠满透明碗。

（4）用胶枪将缠绕好的麻绳碗与盘子粘合，将帽子边缘部分也依次缠上麻绳。

（5）用 UHU 胶水将大小不等的木珠与帽子粘合。

（6）将对夹紧贴于帽子底部，最后做整体的调整，即可完成作品。

第二节　头饰和耳饰的设计

从古至今，各个民族都比较注重头部的装饰，然而头饰又可以分为发型以及头饰品两个方面，与高大发型相对应的头饰品种类十分丰富，除了传统的发簪、钗之外，又涌现出冠子、花、翠羽、梳、篦等各具特色的头饰。各种头饰的制作材料名目繁多，令人目不暇接。在当今社会，随着时代潮流的发展，各式各样的发卡也被归属到了头饰这一大类中。由于头饰的华丽多彩，有很多的款式和色彩，因此使其升格为一种饰品。

一、头饰的种类与风格特点

（一）常见的传统发饰

1. 发簪

发簪是指用来固定和装饰头发的一种首饰，在中国少数民族中就有用传统的发簪来固发美发之风俗。发簪种类繁多，主要变化多集中在簪首，它有各式各样的形状，常见的花种有梅花、莲花、桃花、菊花和牡丹花等，也有用花鸟鱼虫、飞禽走兽作簪首形状的。从材质上看，有木、象牙、玉、金、银、铜、骨、陶、竹、玳瑁及牛角等多种。不仅富有浓郁的民族特色，也蕴含着丰富的文化内涵。如图 2-13 所示。

图 2-13　发簪

2. 发钗

钗是古代妇女的一种首饰，作用与发簪相同，它是由两股簪子合成，一般多为金钗、玉钗和裙钗，钗为珠翠和金银合制成花朵或其他造型的发钿，连缀着固定发髻的双股或多股长针，可以安插在双鬓之上。值得注意的是，钗不仅是一种饰物，它还是一种寄托感情的信物。如古代夫妻或恋人之间有一种赠别的习俗，即女子将头上的钗一分为二，一半赠给对方，一半自留，待到他日重逢再合在一起。如图 2-14 所示。

图 2-14　发钗

3. 梳篦

梳篦是一种古老的汉族民族技艺，其制作精湛，用料精良，制作过程颇为讲究，可采用金、银、象牙、犀角、水晶、玳瑁、锡、木、毛竹等材质制作而成，还可用嵌玉镶珠来做装饰。齿密部分称为“篦”，可用来梳理头发和清理发垢。梳篦是古时人手必备之物，尤其妇女，几乎梳不离身，便形成插梳风气。如图 2-15 所示。

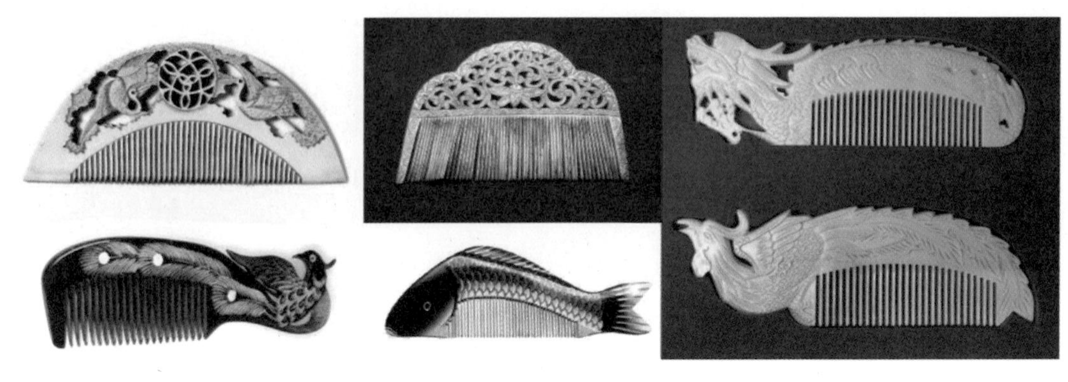

图 2-15　梳篦

4. 簪花

簪花是古代妇人头上的一种首饰，兴起于汉代，它给发饰的装扮增添了一种生机勃勃、生动活泼的生命气息。除了鲜花以外，有绢花、绸花、珠花、罗花、绫花、缎花、金属花等。如图 2-16 所示。

图 2-16　簪花

（二）现代发饰品

现代的发饰包括发绳、发梳、发圈和发卡，发卡又可分为横夹、竖夹、发梳、边夹、抓夹、对夹、发箍等，在其材质上也有很多种类的划分，如蕾丝、缎带、金属、宽布、镶钻、毛线、串珠等。现代发饰的特点是俏皮可爱，款式大方，新颖独特，各种风格种类层出不穷（如图 2-17 所示）。

图 2-17 现代发饰品

二、案例解说不同头饰的制作方法

案例一：木质吊坠发簪

材料准备：木质筷子、珠链、花托、小珠子、花瓣、链接环、钳子、胶枪、鱼丝线。

（1）将木筷较粗的那头钻一个小眼，把金属小钩插进去，用胶枪固定，将露出来的铁丝弯成一个小圈，以便与下面的吊坠连接起来。

（2）把连接环套在木筷的小圈上后，将小珠子用连接环都穿在一起。

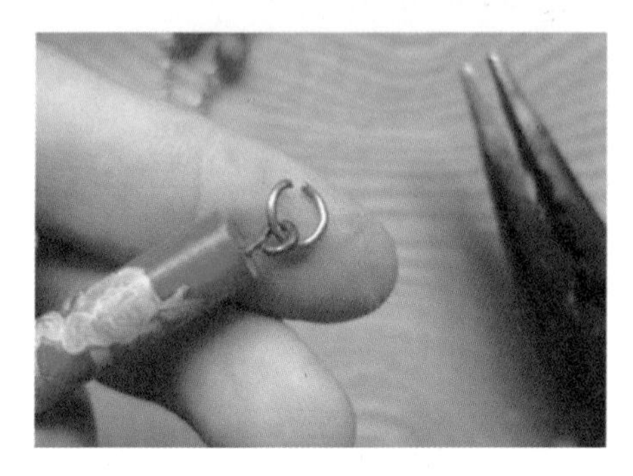

（3）将小珠子粘合在铁艺花朵的中心，再用鱼丝线将花朵与木簪相连接。

（4）最后将准备好的花瓣用胶枪粘合到簪首上，即可完成作品。

案例二：水晶发钗

材料准备：水晶托、大小水晶珠、水钻、金属花托、发钗条、胶枪。

（1）用胶枪将大的水晶托与发钗条粘合，然后将金属花依次与大水晶托粘合。

（2）将水晶珠与花心粘合，然后用胶枪将水钻贴于金属花瓣上，即可完成作品。

案例三：猫头鹰发钗

材料准备：铁丝、猫头鹰底座、水晶珠、水晶钻、挂链、尖嘴钳、喷漆、胶枪。

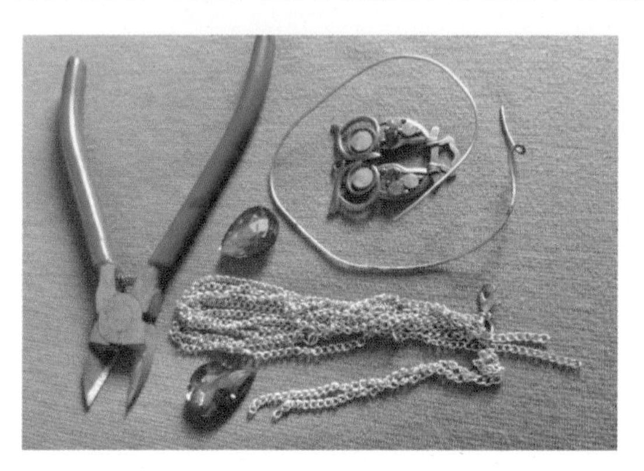

（1）首先把铁丝掰成钗条的形状，用尖嘴钳将铁丝多余的部分夹断，对锋利的铁丝头做个小圆头处理，然后喷上金漆，晾干，钗条制成。

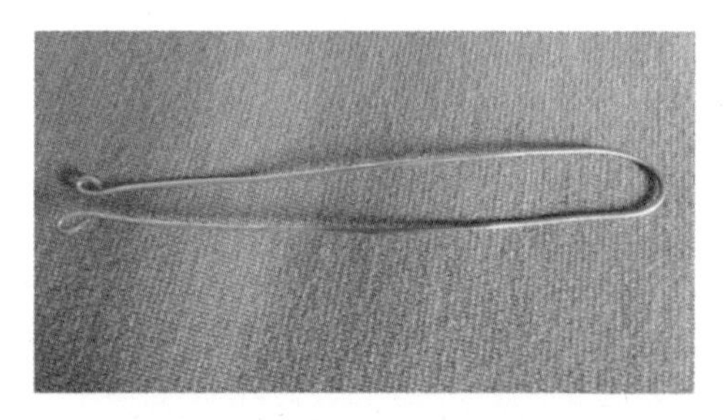

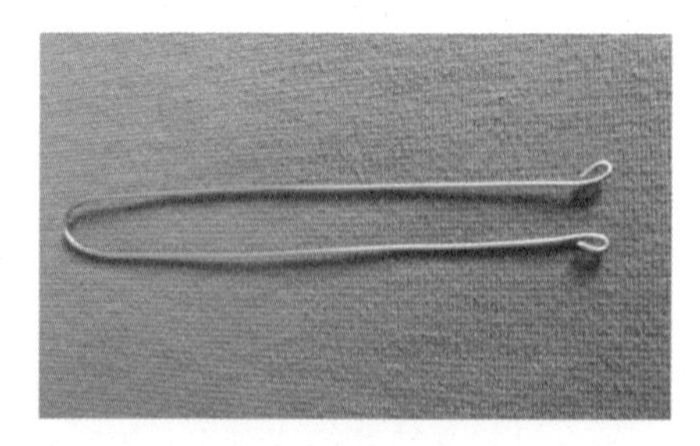

（2）用胶枪将猫头鹰底座与钗条粘合，在粘和处贴上水钻以起到装饰和加固的作用。

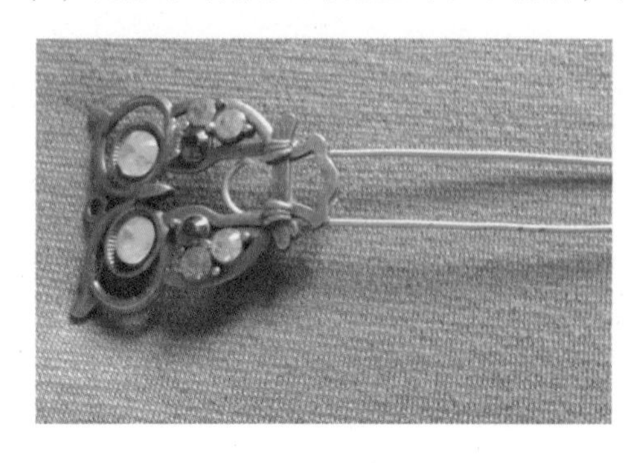

（3）将挂链穿进猫头鹰头部的小孔，挂链两端分别用直钩连接水晶珠，最后在鹰头小孔处粘合大水晶珠即可完成作品。

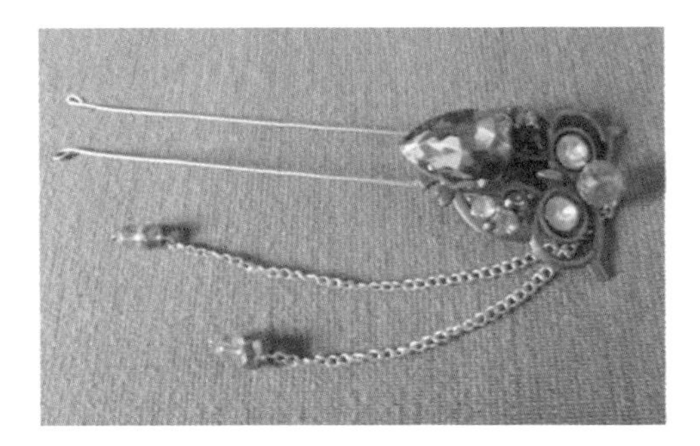

案例四：琉金发梳

准备工具：木梳、亮片串珠花、金色树叶片、水钻、胶枪、金漆。

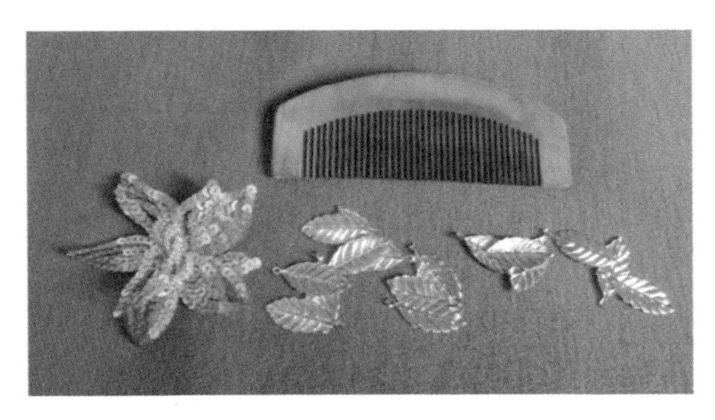

（1）将旧木梳喷成金色，晒干。用胶枪将亮片串珠花与木梳粘合。

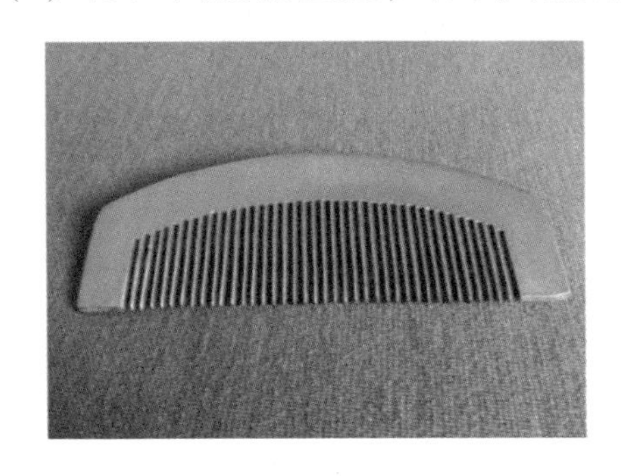

（2）将若干金色叶片和水钻与木梳粘合，在木梳两边做不对称立体造型。

案例五：羽毛发箍

材料准备：黑羽毛、黑钻、孔雀毛、装饰品、无纺布、链条、发箍、胶枪。

（1）用胶枪将黑色羽毛、孔雀毛和装饰品粘合，再将细链条与装饰品连接好。

（2）把装饰花与发箍粘合，将无纺布剪成一个小圆贴片贴于装饰花与发箍粘合的反面。

（3）将黑钻依次贴于发箍表面，不论大小均按等距离方式排列，也可随意排列，即可完成作品。

案例六：蝴蝶花发箍

材料准备：发箍、无纺布、黑色缎带、黑色排钻与小钻若干、胶枪。

（1）将黑色缎带折成玫瑰花后再将花心粘合好，把花瓣单独做出来，与玫瑰花粘合。

（2）用胶枪将做好的花朵粘合到发箍侧边，并在发箍上依次粘好黑色排钻。

（3）将无纺布剪2个适当大小的圆片，贴于缎带花与发箍粘合的反面，即可完成作品。

案例七：粉花木珠发箍

准备材料：细发箍材料、毛线、粉色花朵、木珠、胶枪。

（1）将毛线缠绕在细发箍上，边涂 UHU 胶水边缠毛线，以免毛线松垮。可以随意搭配颜色，如：缠一个单线单色发箍和两个双线双色发箍。

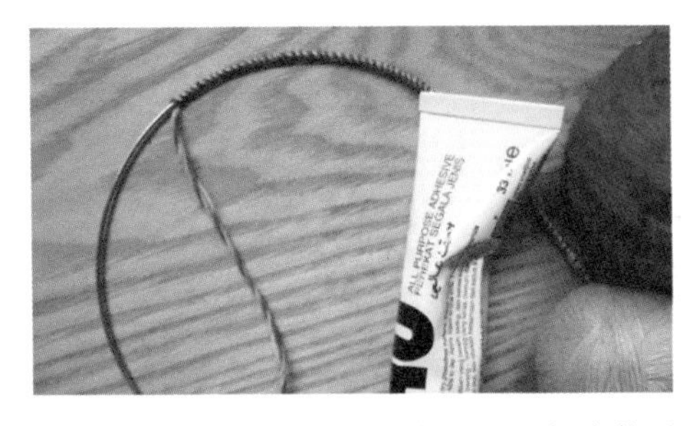

（2）将缠好的三个发箍的尾部用毛线缠绕在一起，再剪一个和花底部差不多大小的圆，使之贴于花朵与发箍粘合在一起的部位。

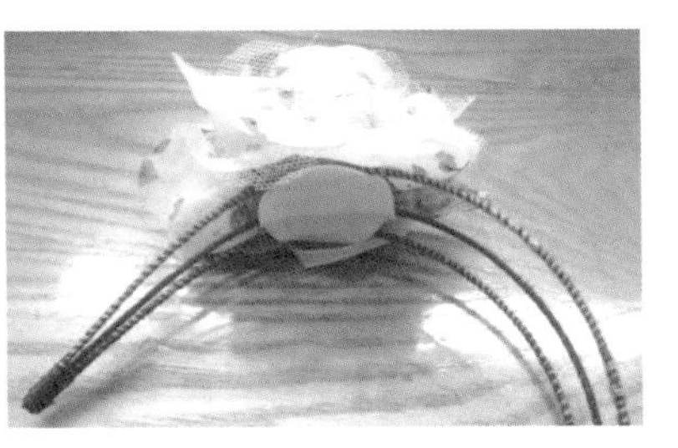

（3）花朵固定好后，用胶枪将木珠与发箍粘合，即可完成作品。

案例八：兔耳朵发箍

材料准备：硬网纱、发箍、发箍收尾包角贴、黑色珠子。

（1）用发箍收尾贴把硬网纱的两头分别包起来，将网纱中间系紧与发箍相连。

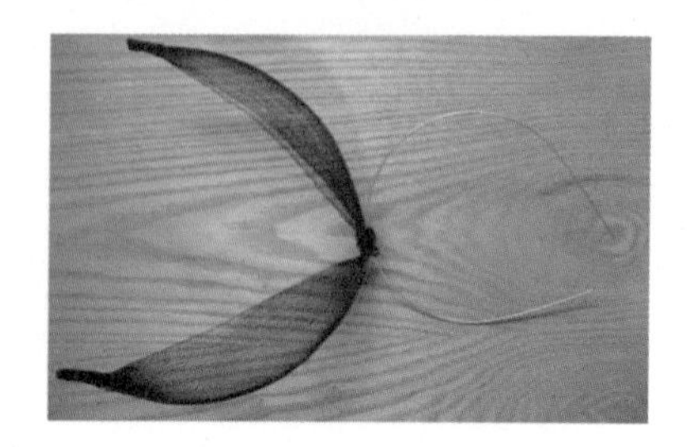

（2）将大小不等的黑色珠子穿到发箍上面，发箍尾部用收尾贴包紧。

（3）发箍按一定的设计规律全部穿好大小不等的黑色珠子后，将两头收尾贴紧。

案例九：花朵发卡

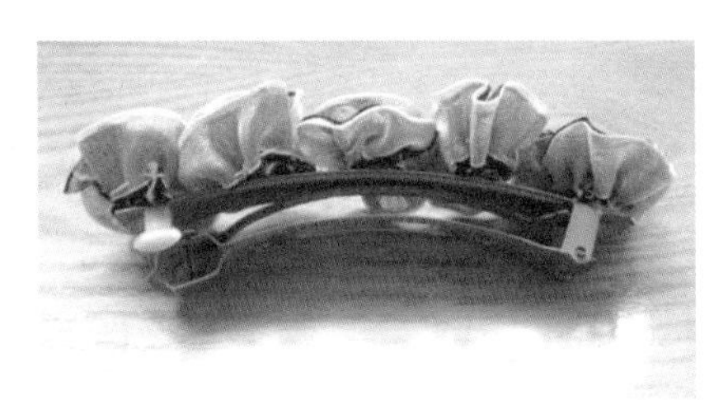

材料准备：黑白网纱丝带、针线、胶枪、弹簧横夹。

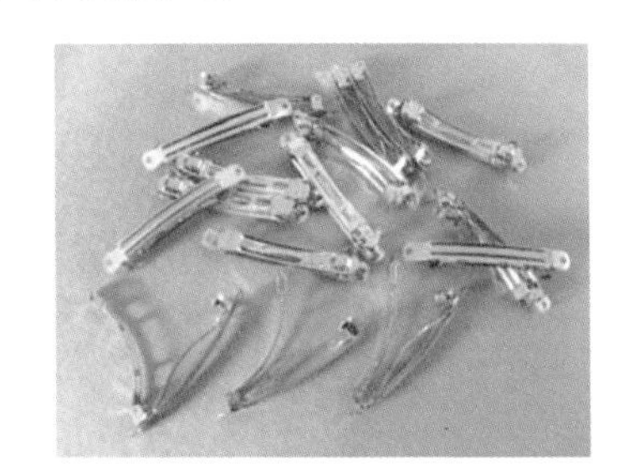

（1）取适当长度的黑白两色网纱丝带，边卷边缝。

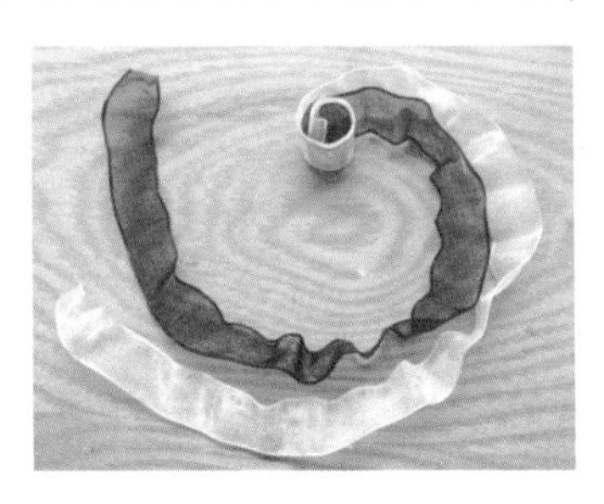

（2）用平行针法，边缝边拉紧底边，让其形成上大下小的花型。

（3）用胶枪将做好的花朵与弹簧横夹粘合即可。

案例十：个性扣子发卡

材料准备：扣子若干、半圆珍珠、喷漆、弹簧横夹、胶枪。

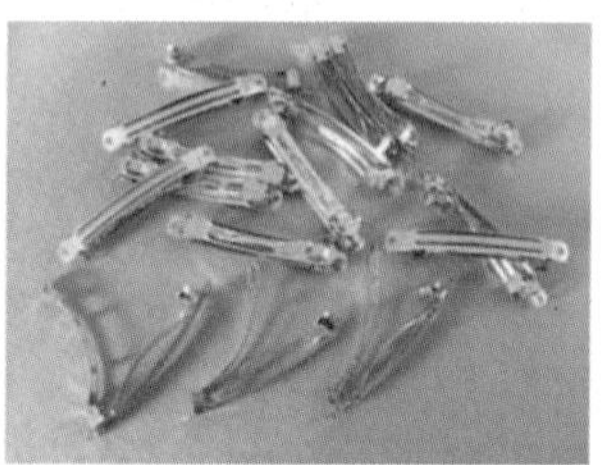

（1）用喷漆将白色半圆珍珠喷成金色，用胶枪将扣子与弹簧横夹粘合。

（2）粘合好所有扣子后，将喷好色的半圆珍珠组合好粘合在扣子上，即可完成作品。

三、耳饰的种类与风格特点

耳饰就是戴在耳朵上的装饰品，款式多样，色彩多变，男性和女性均可佩戴，多为金银、宝石、重金属、塑料、水晶制，其主要包括耳坠、耳环、耳钉三种。

（一）耳坠

耳坠是指带有下垂饰物的耳饰，也是最能体现女性美的重要饰物之一。它是出现最早的一种耳部装饰品，耳坠的样式繁多，其线条细腻优美，闪耀伶俐或简洁大方，是所有耳饰中最好搭配脸型的一种，如图 2-18 所示。

图 2-18　耳坠

（二）耳环

耳环分为插圈和轧圈两种佩戴方式。插圈是从耳洞中直插过去，可将饰物固定在耳垂上。轧圈主要是采用耳钳夹紧，使其固定在耳垂上。耳环样式变化多端，有带坠、圆形、椭圆形、三角形、方形、菱形、双股扭条圈、大圈套小圈等多种样式，颜色丰富多彩，加上金、银、珠宝等各种材质相互搭配，使耳饰环显得更加争奇斗艳，如图 2-19 所示。

图 2-19　耳环

（三）耳钉

耳钉是耳朵上的一种小饰物，比耳环要小，形如钉状。佩戴者需要穿过耳洞才能戴上，耳钉的造型千变万化，但都具有同一个特点，耳垂前边是耳钉造型，耳垂后边是耳堵。材质通常有金质、银质、钢质、塑料等类型。如图 2-20 所示。

图 2-20　耳钉

四、案例解说不同耳饰的制作方法

案例一：挂链羽毛耳环

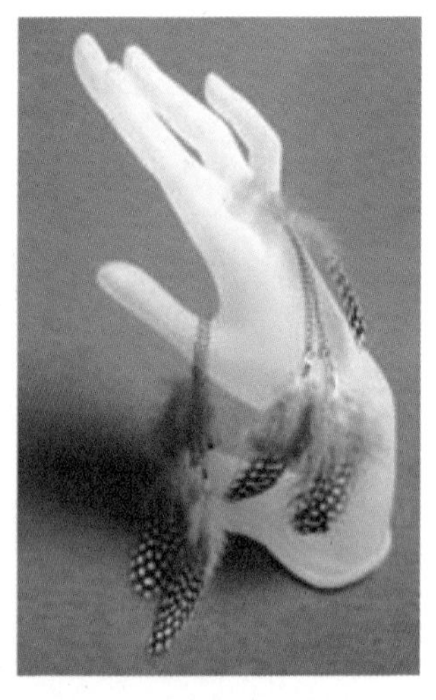

材料准备：珍珠毛、挂链、连接环、耳钩、尾夹。

（1）用尾夹将珍珠毛的尾杆夹紧，然后穿上连接环与链条连接起来。

（2）将羽毛分别连接到两段链条的首尾部。

（3）将链条对折后，取每条中间部位，用连接环挂上耳钩，然后连上羽毛即可。

案例二：麻绳复古耳环

材料准备：麻绳、木珠、耳钩、尾夹、胶枪。

（1）将麻绳头打个圈，然后逐层边上胶边往下依次缠绕。

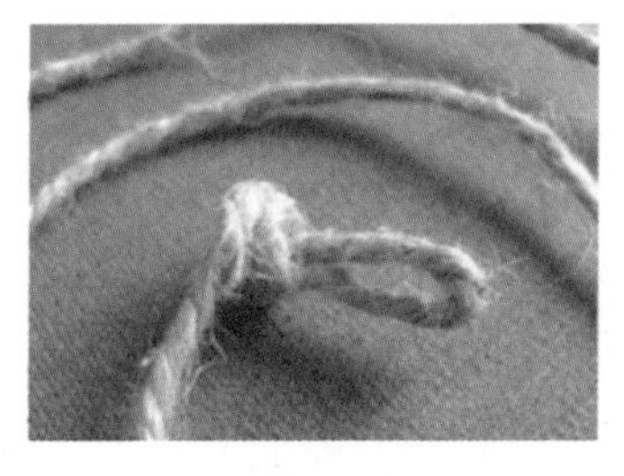
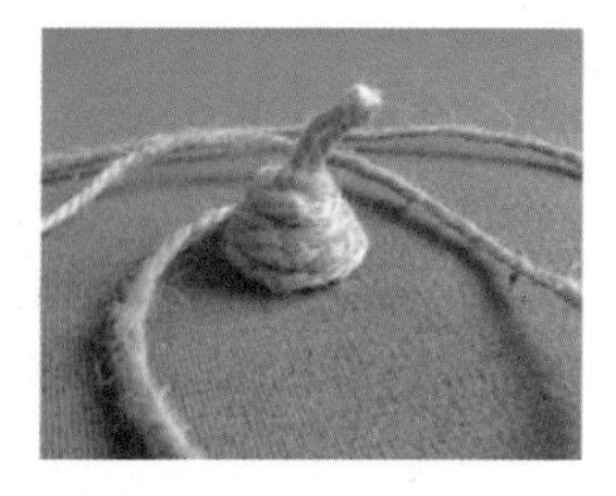

（2）绕到底部开始向里慢慢收紧封口，再以同样的方法缠绕第二个。

（3）把耳环的轮廓型做好以后，用胶枪将小木珠粘合在耳环上。

（4）用尾夹将耳环留出来的绳圈夹紧，然后穿好连接环，连上耳钩即可。

案例三：黑羽毛珍珠耳环

材料准备：黑色羽毛、大小黑珍珠若干、连接环、钩针。

（1）用尾夹将羽毛根部夹好后系上鱼丝线穿上珍珠。

（2）将鱼丝线穿到顶部与耳钩连接，然后把鱼丝线从顶反穿到底部，再将尾钩系好。

案例四：铆钉扣子耳钉

材料准备：铜扣、耳钉托、长铆钉、短钉、鱼丝线、胶枪。

（1）用鱼丝线将长铆钉与纽扣系好，然后用胶枪把耳钉托粘在纽扣的背面。

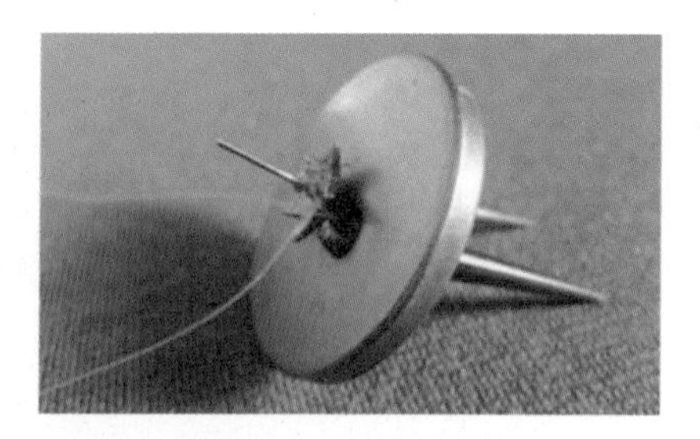

（2）用胶枪将小短钉依次与纽扣粘合即可。

案例五：珍珠扣子耳钉

材料准备：扣子、珍珠、耳钉托、胶枪。

（1）用胶枪将耳钉托粘合在扣子背面，然后将珍珠粘合在扣子正面中间即可完成作品。

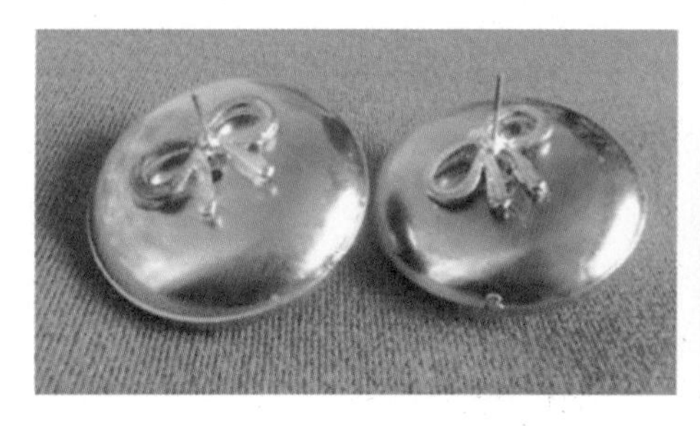
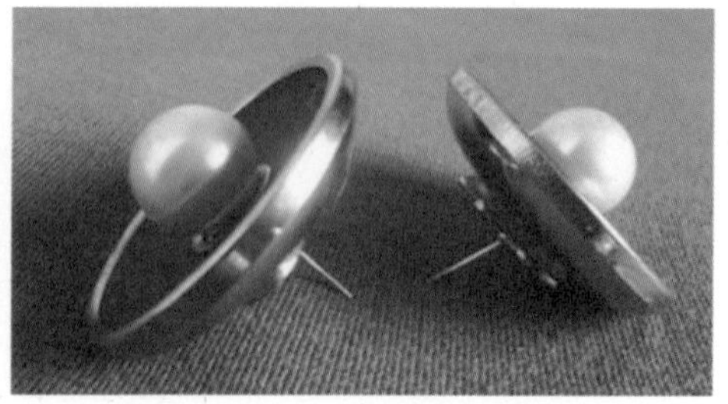

第三节　面饰与眼镜的设计

一、面饰的设计特点与装饰手法

面饰主要指的是化妆，随着人们审美意识的不断发展与提高，人们用各种方法来修饰自己，而在本章，主要介绍的是面饰中的艺术面具设计，面具是演员用来覆盖其颜面以起到装扮作用的一种化妆用具。面具在戏剧演出中也是一种重要的表现手法，其在 20 世纪的演出中仍有一定地位。面具在日本盛行于 14 至 15 世纪，以唱为主的面具还要表现出喜、怒、哀、乐等各种表情，造型极为精美。特别是近年来的一些新兴娱乐节目和大型秀场，把舞台个性面具风推向了时尚的顶峰。

二、案例解说面饰制作方法

案例一：紫色妖姬

材料准备：半脸面具、紫牡丹花、大小水钻若干、水晶珠、UHU 胶水、胶枪。

（1）用胶枪将大牡丹花粘合在面具的左侧，然后依次摆放较小的牡丹花。

（2）用UHU胶水将若干大号玻璃钻贴于面具的右侧脸后，再来添加大小不一的各色水钻。

（3）用直钩将水晶珠穿好后，在尖嘴钳的帮助下，用连接环将水晶珠与面具相连接，即可完成作品。

案例二：黑色魅惑

材料准备：面具、异形面具、小发饰、花边布、各种型号的小花边、小钻、喷漆、胶枪。

（1）用马克笔在面具上画出需要的形状，然后将边缘修剪圆顺整齐。

（2）将面具喷色，待漆干了之后，贴上带钻花边和小发饰。

（3）将花边平行缝起，形成波浪状，然后用胶枪将其与面具粘合。

（4）将白钻粘合在眼睛周围，再继续添加黑钻对面部进行装饰。

（5）将白色异形面具剪开，喷上黑漆，再用花边布将其包裹平整。

（6）将包裹好的花边面具粘合重组，再用棉质镂空花边装饰其表面，最后将其与面具粘合。

案例三：唯美新娘

材料准备：面具、玻璃钻、大小各异的白珍珠、白色布艺花、花边、鸵鸟毛、胶枪。

（1）用胶枪将大的玻璃钻贴于面具的侧脸，再将眼睛周围贴满大小各异的白珍珠。

（2）将不同类别的花边分别贴于面具的底部与额头。

（3）做好布艺花的花蕊，用胶枪将布艺花贴于面具的侧脸，再将水晶钻粘合在面具的额头上。

（4）最后将鸵鸟毛与面具粘合，将穿好的珍珠链与面具相连。

案例四：孔雀毛面具

材料准备：面具、喷漆、孔雀毛、鸵鸟毛、大小水钻、胶枪。

（1）先将面具喷成金色，在喷色没干之前，撒上炫亮眼影粉。

（2）把大的水钻花贴于面具的右侧，然后在其他部位依次贴上钻石和羽毛。

（3）做一个羽毛托，做好后将大羽毛与之固定。

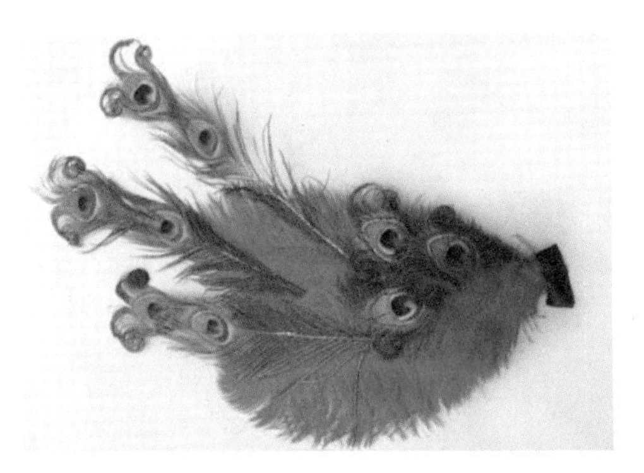

（4）将做的羽毛配饰固定在面具的内侧即可。

三、眼镜的设计制作方法

随着社会的发展，眼镜的实用性与装饰性日益加强，在外形、颜色的设计上更加大胆，它不再是原始的功能型眼镜，很多时候甚至成为服装的点睛之笔。不同外形的眼镜可以产生不同的服装风格，如学识风、粗犷风、稳重风、框架风、个性风格等，包括在一些广告拍摄、秀场之中，不乏一些个性夸张的眼镜设计。

案例一：个性铆钉眼镜

准备材料：眼镜、不同大小铆钉若干颗、UHU 胶水。

（1）将合适的眼镜准备好，用 UHU 胶水将铆钉依次与眼镜片粘牢。

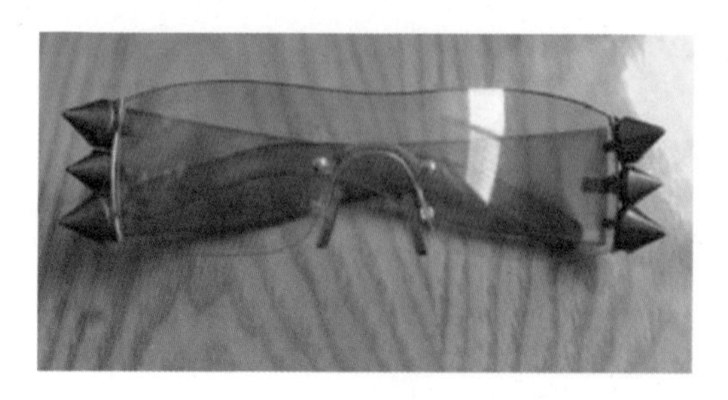

（2）注意眼镜架旁边铆钉排列的大小变化，依次粘合好即可完成作品。

案例二：蕾丝眼镜

材料准备：蕾丝花朵、眼镜、小钻、UHU 胶水。

（1）用 UHU 胶水将蕾丝花片依次贴于眼镜片上，并在花朵中间贴上红色小钻。

（2）再将眼镜框上依次贴满红色小钻，即可完成作品。

案例三：羽毛眼镜

材料准备：眼镜、羽毛、各种小钻、胶水、胶枪。

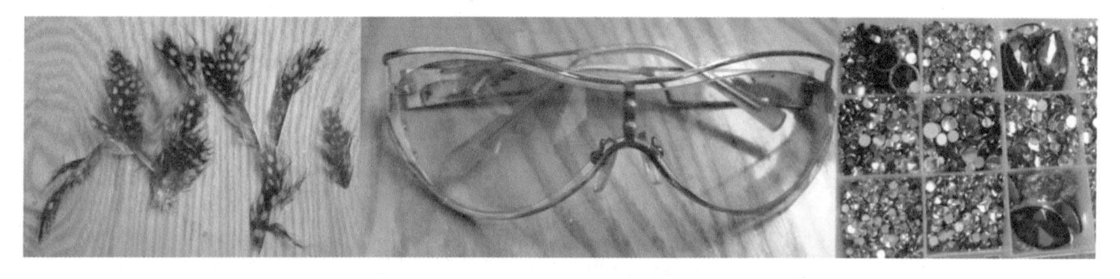

（1）用胶枪将羽毛粘合好，再将粘合好的羽毛粘到眼镜的一侧。

（2）用 UHU 胶水将若干小钻粘合到羽毛上，取若干颗大小不一的彩钻，将其粘在眼镜的另一侧，即可完成作品。

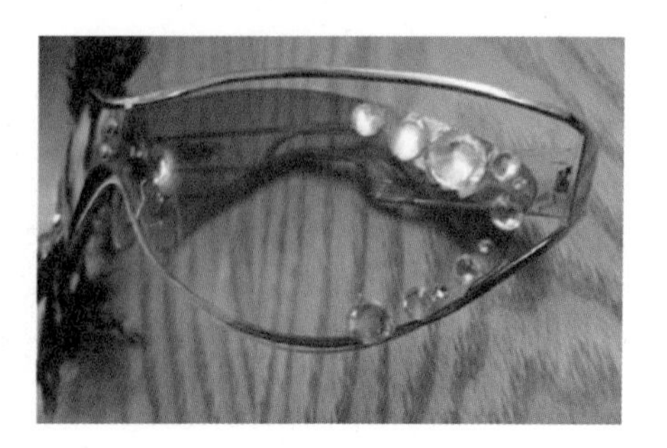

案例四：唯美眼镜

材料准备：眼镜、若干陶瓷小花朵、螺丝刀、电钻。

（1）用电钻在镜框上打若干个小孔，然后将小陶瓷花钉在眼镜框上。

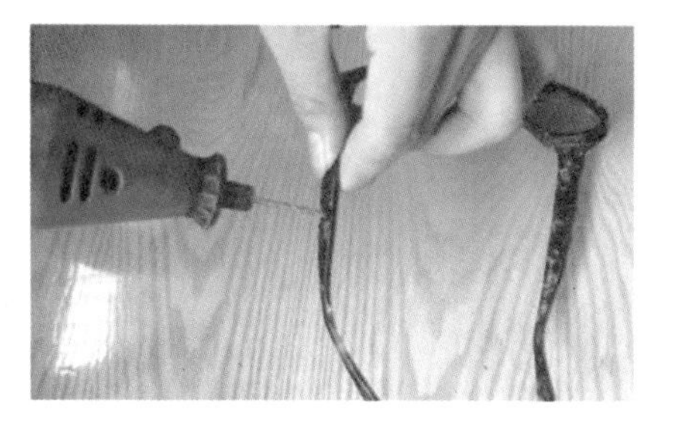

（2）将陶瓷花依次对称上好，即可完成作品。

第四节　学生作品欣赏

一、田园清晰风格

制作小贴士：这几款帽子均由一次性纸碗或者塑料碗打底，用较硬的纸壳做帽檐，根据外部材料选择适合的胶水进行粘贴，然后配以合适的装饰物即可完成。

二、嬉皮朋克风格

制作小贴士：这几组帽饰的特点是帽身较高、硬挺，帽身或帽檐上有趣味的装饰要素来进行修饰，帽子材料采用的是比较厚实的色卡纸，或者是 PVC 的 KT 板。

三、唯美淑女风格

制作小贴士：这几组帽饰属于药盒帽类型，可以用硬壳纸做圆弧，或者用加厚纸盘做帽底，帽面和帽底用布料进行包裹，帽子上面可用蕾丝花边、薄纱、珠子和花朵进行装饰。

四、波西米亚风格

制作小贴士：这几组帽饰大多由手工缝制和勾织而成，有的用纸碗做底，再将印花布夹棉进行缝制固定，上面缝上手工花和花边加以装饰，颜色表现较为丰富。

五、妩媚风格

制作小贴士：这几组帽饰大多以纸盘、纸杯打底，上面包上黑色的不织布和蕾丝花边，用黑纱、缎带、羽毛、毛球、珍珠等加以装饰，整体色调风格神秘妖娆。

六、洛丽塔风格

制作小贴士：这两组均是用气球做的帽模，用纸糊的帽型，然后用玻璃纸、皱纹纸和海绵纸做成花朵分别粘贴到帽身上，再以钻饰和珠子作为装饰即可。

七、仿生型风格

制作小贴士：用气球做帽模，用纸糊的帽型，对动物、植物或者卡通的外轮廓或者特点进行模仿造型，用毛线、毛呢、色卡纸、泡沫纸或者纸巾、不织布等材料进行粘贴即可。

八、民族风格

制作小贴士：这组帽饰有的用气球做帽模，用纸糊的帽型，有的用硬卡纸制作帽型，然后根据民族特色选择合适的布料来进行粘贴，用羽毛、珍珠、花边、钻饰进行修饰。

九、浪漫甜美风格

制作小贴士：这组帽饰主要借鉴藤编的效果来进行皱纹纸条编织制作，有的使用硬壳纸包布做帽身，将做好的“藤条”插到帽身上，固定好即可。

十、嬉皮爵士风

制作小贴士：利用纸碗或者锡纸碗做底，用硬纸壳做帽檐，将牛仔布或者皮革剪成条状或小块进行拼贴，也可以在爵士帽上进行涂鸦装饰，再装上铆钉和链条等。

十一、创意另类风格

制作小贴士：可利用各种材料，用构成法则对帽子的整体造型进行设计，可大胆夸张地发挥创意进行制作。

第三章

首饰设计

☞学习目标：

首饰作为一种极具表现力的艺术品装饰佩戴于人的身上，所需的创意造型设计，以及材料的选择都具有特殊性。合适的首饰不仅能增添个人本身的魅力，也可以给服装增添韵味。在服装表演、形象设计中，首饰几乎是模特必不可少的饰品。本章的学习旨在让学生了解到不同材质、不同风格首饰设计的制作方法，通过简单的案例引领，希望启发学生们能够举一反三，做出具有创新性的首饰设计。

第一节　首饰中的颈饰

一、颈饰的品类与材料

颈饰是一种挂在颈上的装饰用品，可以用来修饰脸型、脖子和前胸，颈饰的制作材料非常丰富，有昂贵的金银珠宝、玛瑙、翡翠，有质朴的木石、象牙、贝壳、兽骨，还有纯洁透明的水晶、玻璃、琥珀等各种特殊材质的DIY饰品，在款式结构上，它包括各式各样的项链、项圈、璎珞等。

（一）项链

项链是一种最为常见的装饰品，有软颈饰之称，由较多的珠、节、环连接而成，形成链条状的饰物，链式较为灵活，可以随体形的运动而变化，表现力极强，可以较为直观地塑造形象。链条的变化也很丰富，有基本的连接式、环连式、珠连式，还有节连式等。在款式上还可以分为单股、双股和多股连接，如图3-1所示。

图3-1　项链

（二）项圈

项圈一般为硬颈饰，在我国少数民族中常用来装饰其胸颈，项圈的体积较大，多采用纯银或者合金材料制成，装饰效果极强。在当今社会中，项圈的设计经过多年的推敲和时代的磨合，时尚感越来越强，其材质与造型的变化越来越有创意，成为时尚界中必不可少的一种装饰品，如图 3-2 所示。

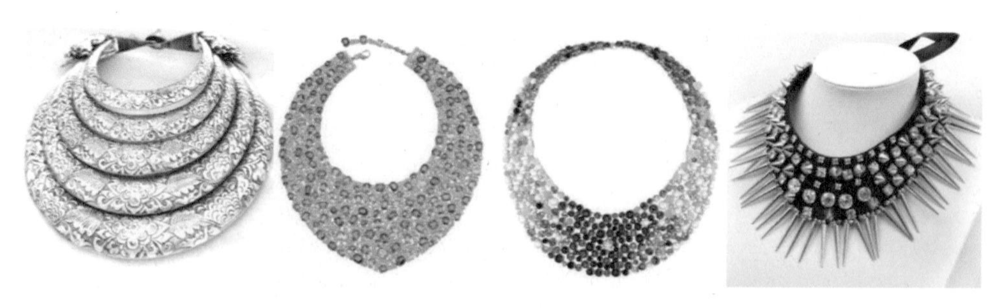

图 3-2　项圈

（三）璎珞

璎珞原为古代印度佛像颈间的一种装饰物，它属于环状的饰物，主要是用珍珠、宝石和贵金属串联制成的。而后受到爱美求新的女性的青睐，在设计师的模仿和改进下，慢慢进入日常生活中变成了项饰。璎珞形制较大，在项饰中最显华贵，如图 3-3 所示。

图 3-3　璎珞

二、案例解说颈饰的制作方法

案例一： 仿蜜蜡挂链

材料准备： 人造蜜蜡排，若干形状各异、大小不一的木珠，鱼丝线。

（1）将鱼丝线最底部用木珠固定打结，然后从下往上穿起。

（2）用鱼丝线将下摆的吊坠全部穿好后，依次与吊坠下排的小孔相连接。

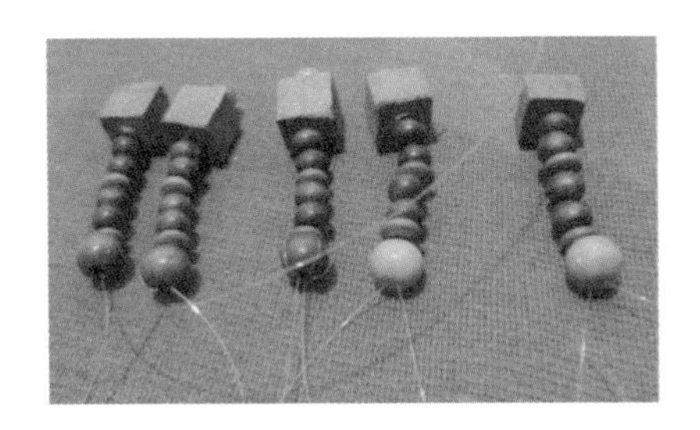

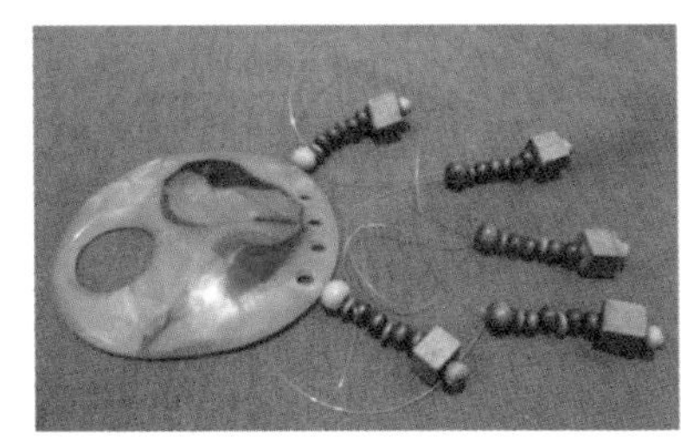

（3）将吊坠全部连接完毕后，开始项链的挂绳制作。

（4）穿挂绳时注意挂绳长度大于18英寸的一般不用弹簧扣，可直接从头顶套入脖子。

案例二：花边颈圈

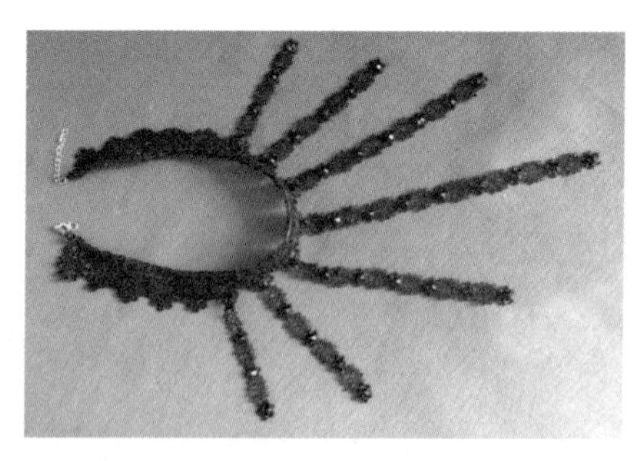

材料准备：黑色电线绳、项链尾夹、连接环扣、连接链、花边、黑钻、发箍尾贴胶、UHU 胶水。

（1）先将黑色电线绳有规律地隔段穿入花边的镂空眼中。

（2）穿好黑色电线绳后，用发箍尾胶贴将两端的花边头包好，再将项链尾夹固定在线绳两头。

（3）将连接环扣、连接链与项链尾夹连接，再将细花边按规律剪成若干长短不一的小条。

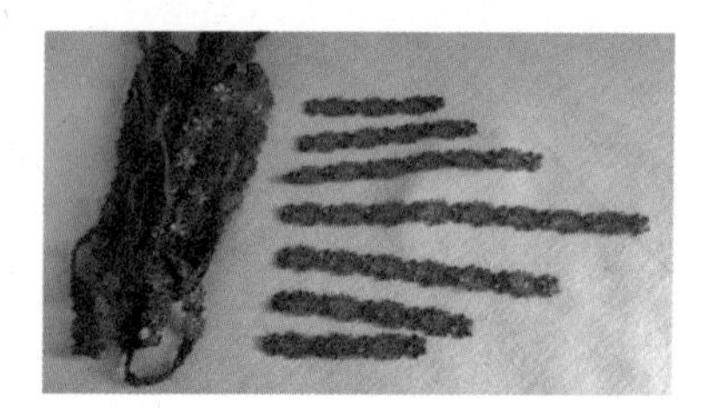

（4）用黑色胶棒将花边条按规律与项圈粘合好，然后将黑钻贴在花边条上，即可完成作品。

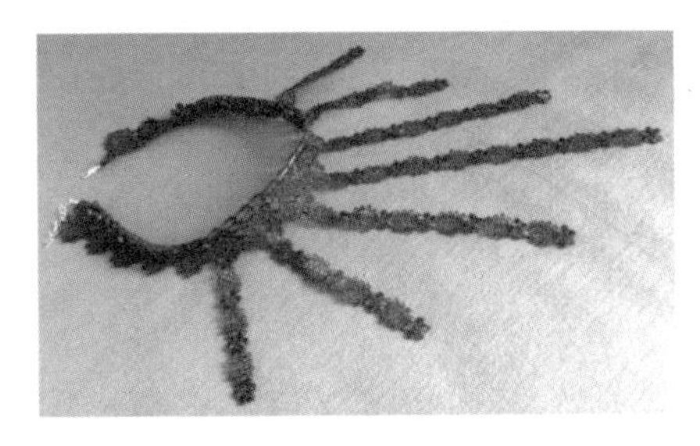

案例三：尖钉珍珠双层项链

材料准备：黑色电线绳、项链尾夹、连接扣、连接环、尖铆钉、若干大小不等的黑色圆珠。

（1）用黑色电线绳将小尖铆钉穿上，再将大小不一的黑色圆珠分别穿于铆钉两侧，依次间隔穿好。

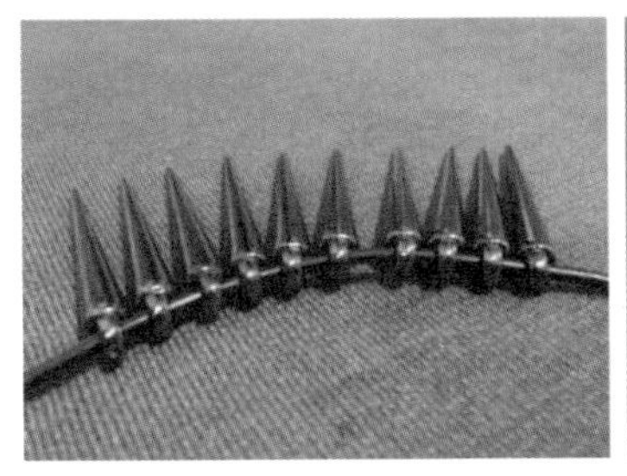

（2）穿好珍珠挂绳后，分别用尾夹固定，然后穿上连接环与连接扣。

（3）用直钩将大小不等的黑色圆珠穿起来，做第二层项链。

（4）将穿好的黑色珠链与第一条相连接，即可完成作品。

案例四：皮绳拉链头个性项链

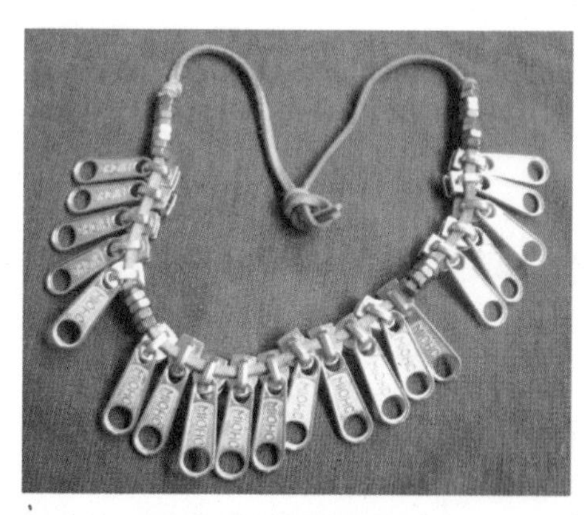

材料准备：皮绳、拉链头、金属垫片、螺丝帽。

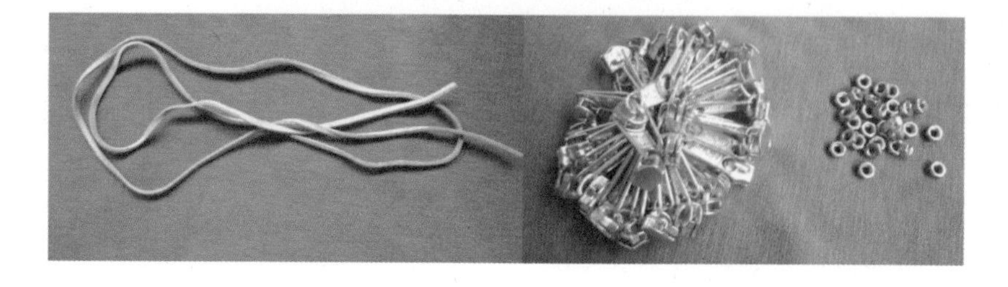

（1）用长度合适的皮绳将拉链头穿起来。

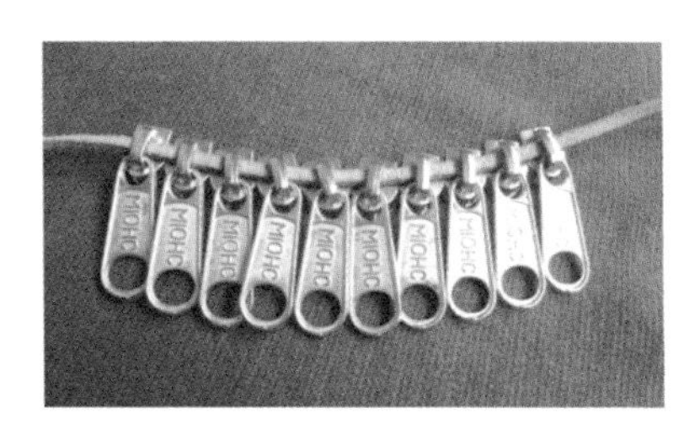

（2）在拉链头两侧串上螺丝帽后，继续添加适当数量的拉链头，在穿完最后一组螺丝帽后分别将皮绳两端打节，即可完成作品。

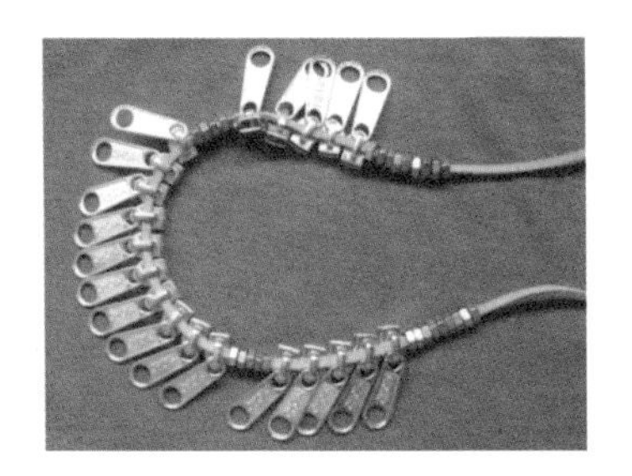
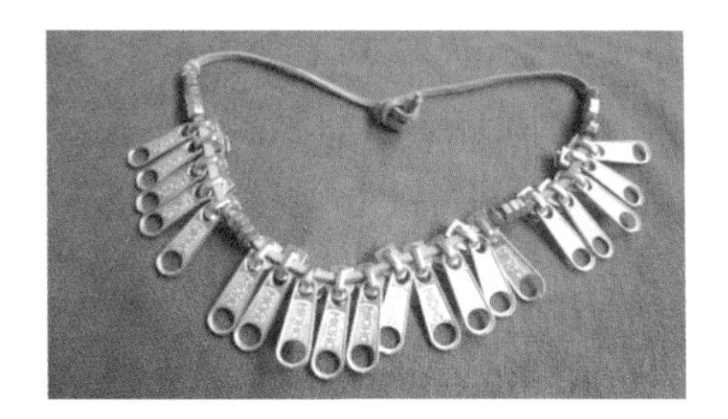

案例五：拉链头系列二

材料准备：网线管、棉绳、拉链头。

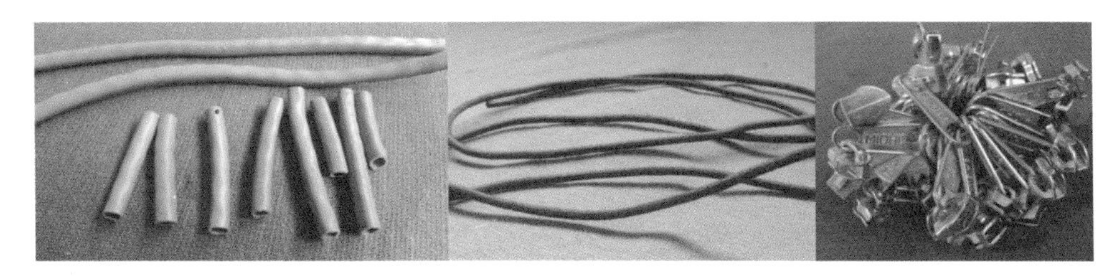

（1）将网线外管剪成若干小段，将棉绳穿进一段较长的网线软管中。

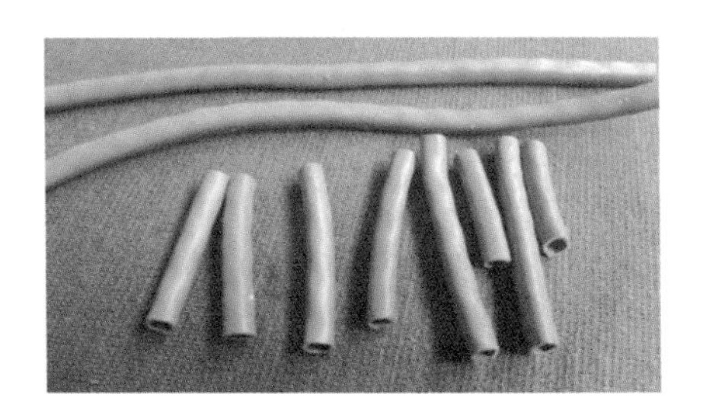
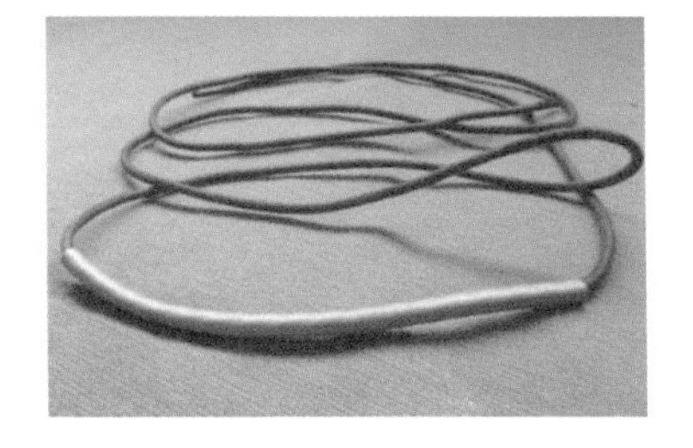

（2）将拉链头穿到软管上后，再将棉绳穿上金属垫片，把棉绳打结。

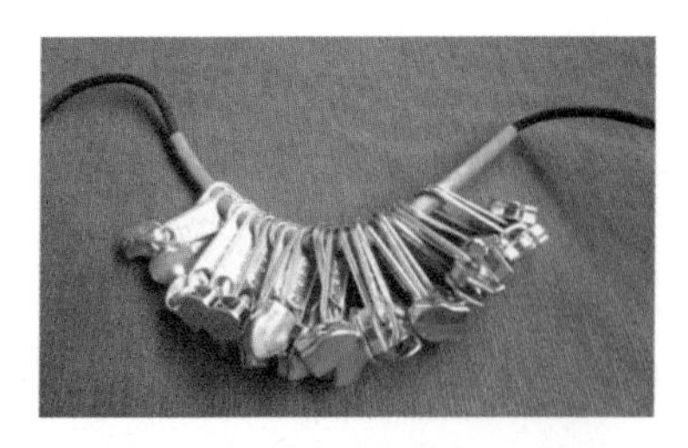
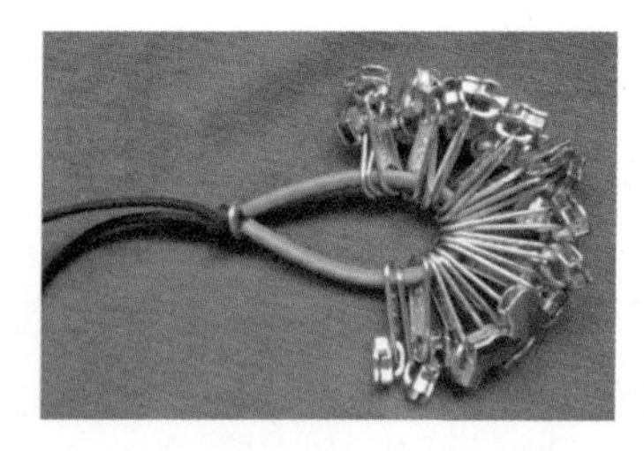

（3）在棉绳两端分别套上软管，在软管两头打结固定位置，即可完成作品。

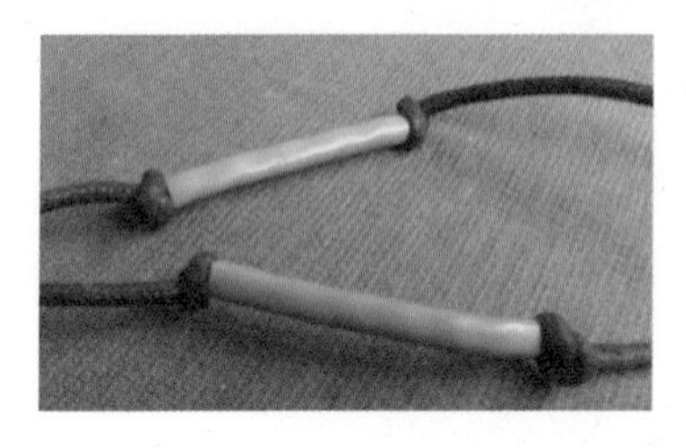

案例六：螺丝帽双层项链

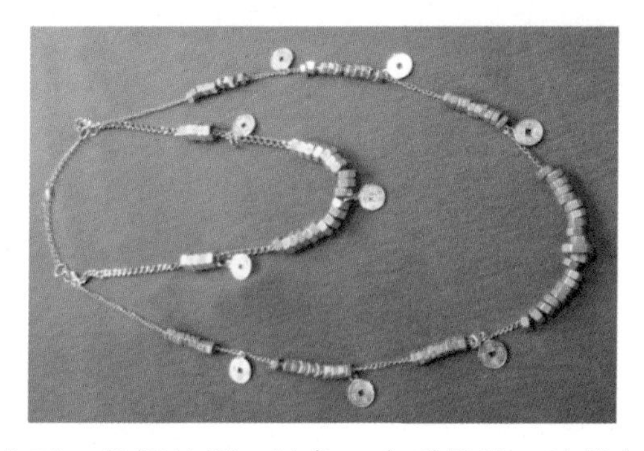

材料准备：若干大小不一的螺丝帽、链条、古币吊坠、连接扣、连接环。

（1）将若干螺丝帽穿在细链条上，在链条上分段将古币吊坠用连接环固定，然后重复间隔穿起。

（2）在挂链尾部安上连接环和连接钩，然后开始穿第二条项链，里面一条略短于外面一条。

（3）用连接环将两条挂链连接，即可完成作品。

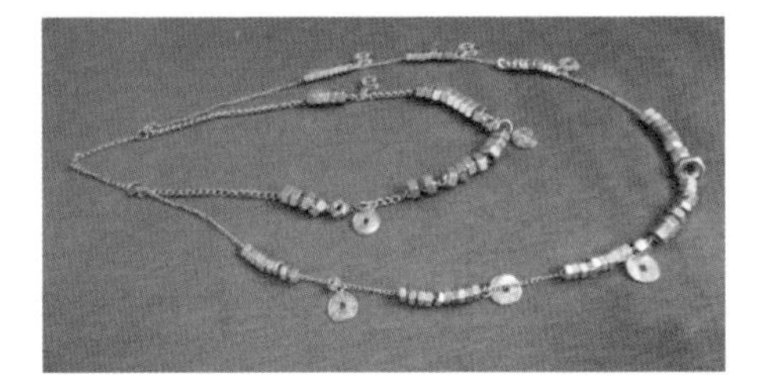

案例七：尖铆钉项链

材料准备：尖铆钉、细铁丝、黑色挂链、连接环。

（1）将尖铆钉穿到黑色细铁丝上，然后把铁丝的两端用尖嘴钳弯成钩形。

（2）然后将连接环分别套在铁丝圈上，与黑色挂链条相连接，即可完成作品。

第二节　腕饰设计

一、腕饰的种类与材料分类

所谓腕饰，就是指戴在手腕上的首饰。腕饰的材质很丰富，有造型质朴的玉石、陶、骨，有华贵雍容的金银宝玉，有韵味十足的琥珀、玛瑙、翡翠、香木等。直至现代，手镯的材质和款式都在不断地翻新变化。

在款式上，手镯大致可以分为四类：第一种是手链，主要以金属环连接而成，环环相扣进行衔接，在链上可穿有挂件。第二种是珠串，是将珍珠、香木等中间穿孔，用绳线将其串联在一起。第三种是整体手镯，如金属、玉石等制成的半封闭或整体的固定腕饰，其大小以手收紧时正好放入，在正常情况下又不易脱落为宜。第四种是编绳手镯，用 2 股、3 股或者多股棉绳、麻绳、尼龙绳、合成纤维绳、皮绳等编结而成，连接处的结构也是多种多样的，如有系结、针扣、纽扣式等方式来固定接口，在结构上也可以是编绳加挂链的组合型手链，这种款式在现今也是较为流行的一种样式。如图 3-4、图 3-5、图 3-6、图 3-7 所示。

图 3-4　手链

图 3-5　珠串

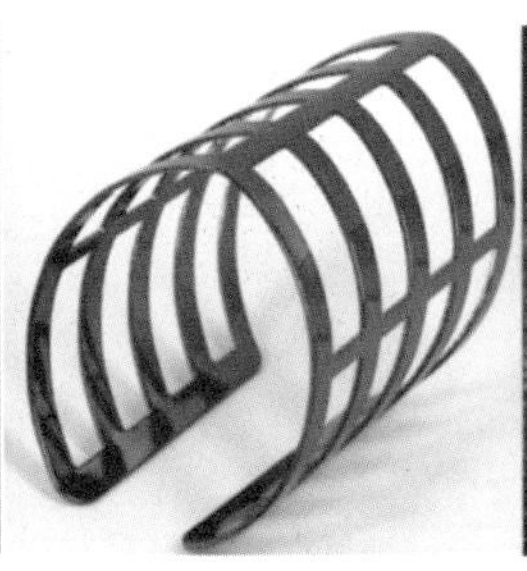

图 3-6　整体手镯

图 3-7　编绳手镯

二、案例解说腕饰制作方法

案例一：亮皮手镯

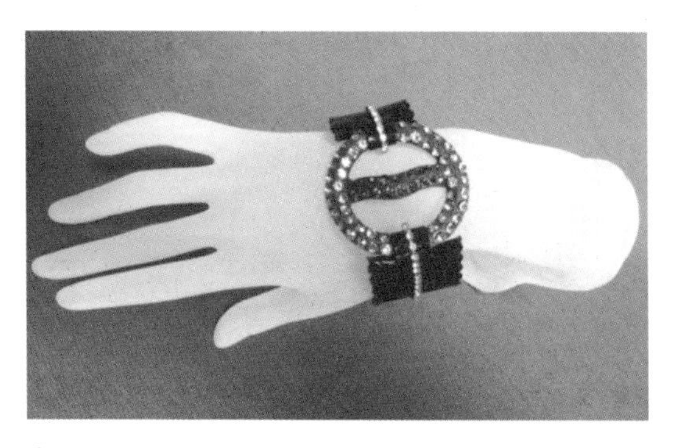

材料准备：亮皮一条、扣头一个、四合扣、带钻链条、波浪花剪、UHU 胶水。

（1）用花剪将亮皮条两边剪成波浪边，然后根据扣头上的洞口修剪带头的宽度，以便固定带身。

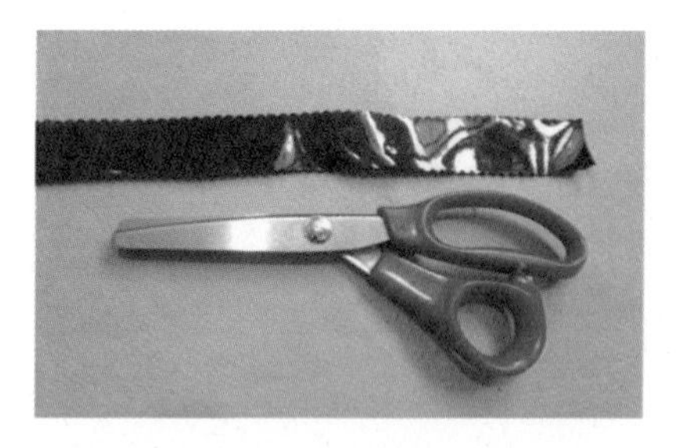

（2）反面用胶枪把皮料粘合，然后用同样的方法固定另一边带身。

（3）用打孔器在手镯的尾部打上一个小孔，用配套的冲子钉好四合扣。

（4）钉好子母四合扣以后，将带钻链条剪成与带身一样的长度，用 UHU 胶水粘合即可。

案例二：蛇形手镯

材料准备：铁丝、扣子、黑色珍珠、钳子、发箍尾胶贴。

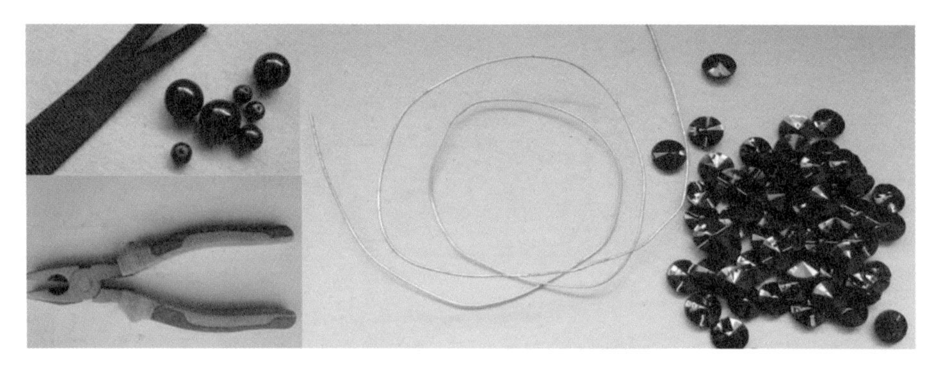

（1）用钳子将铁丝钳直后，将扣子穿入铁丝，铁丝尾部穿上小珍珠后用发箍尾胶贴包尾。

（2）将扣子全部穿完后，另一头也用发箍尾胶贴包尾，然后把需要的形状弯折出来即可。

案例三：拉链条手镯

材料准备：拉链条、大小木珠若干颗、针线、弹力绳。

（1）将拉链条来回对折后用针线缝紧。

（2）用弹力绳将小木珠穿起来，两头打结固定后，将其分别缝在拉链条两头即可。

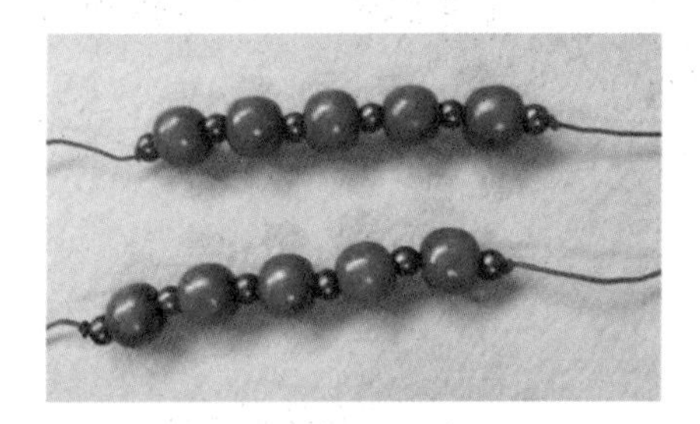

案例四：绿松石花边手镯

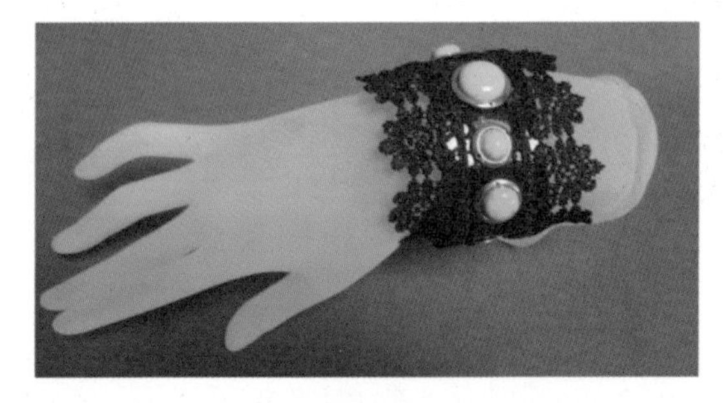

材料准备：废弃的皮带一根、花边、绿松石、手镯卡环、连接环、胶枪。

（1）在皮带背面画上需要的手镯形状，将其剪下来。

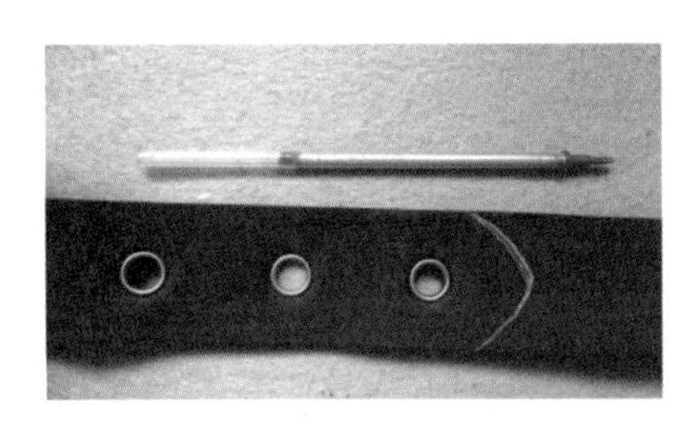
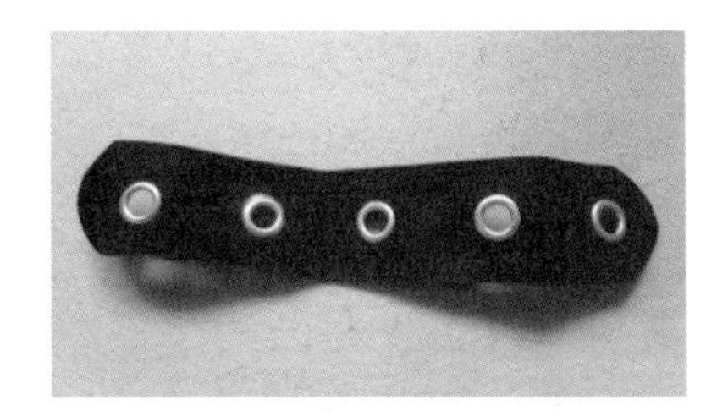

（2）在手镯的两端打上小孔，分别用连接环装上手镯卡环。

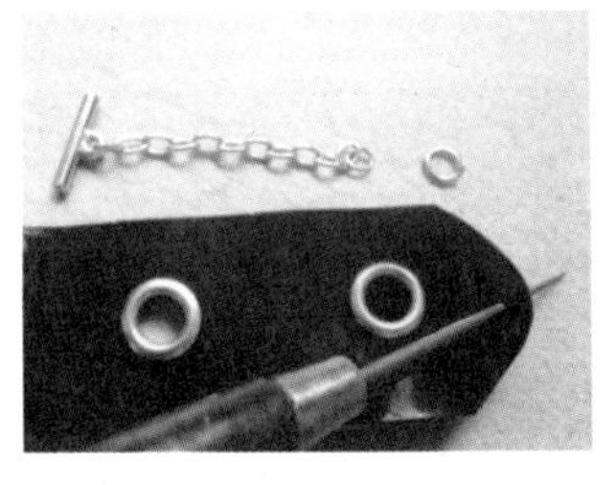

（3）用胶枪将花边沿着手镯边缘粘合好。

（4）将绿松石按规律排列好，用胶枪粘合在手镯上面即可。

案例五：电线穿珠镯

材料准备：珍珠、电线。

（1）先将铜丝从电线管里面抽出来，再将它缠绕在外面的胶管上。

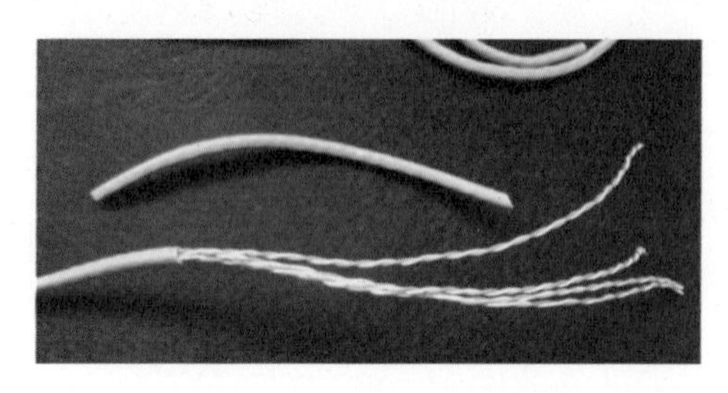

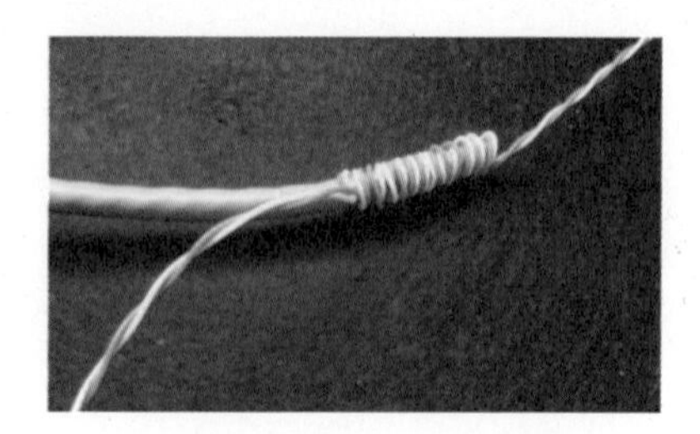

（2）铜丝线缠完后，将其从胶管套上面取下来。

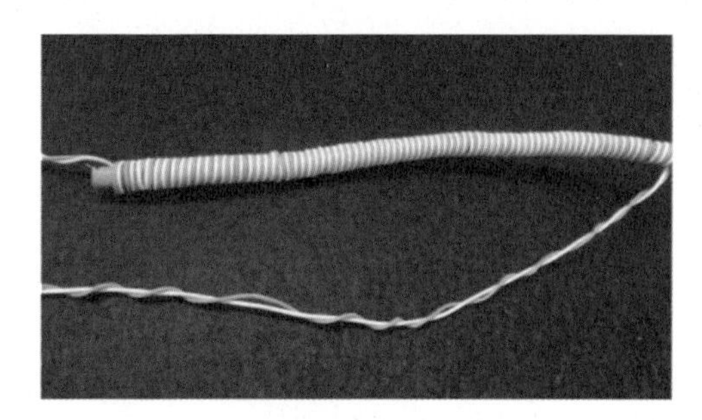

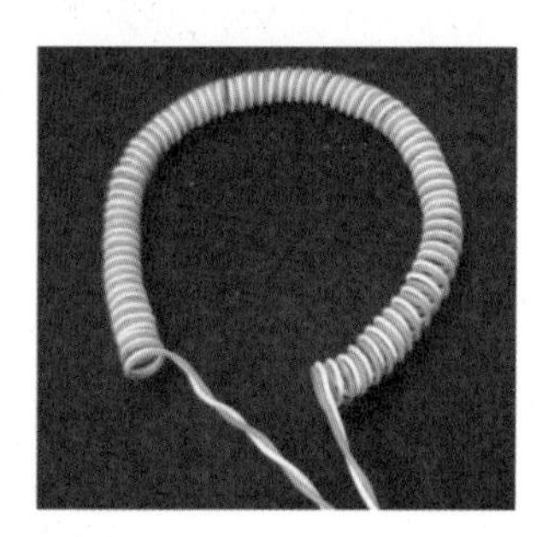

（3）继续缠另一根铜丝，然后将缠好的两卷铜丝缠绕在一起，用一个单色的铜丝穿过白色的珠子后将两卷缠绕好的铜丝穿插连接在一起。

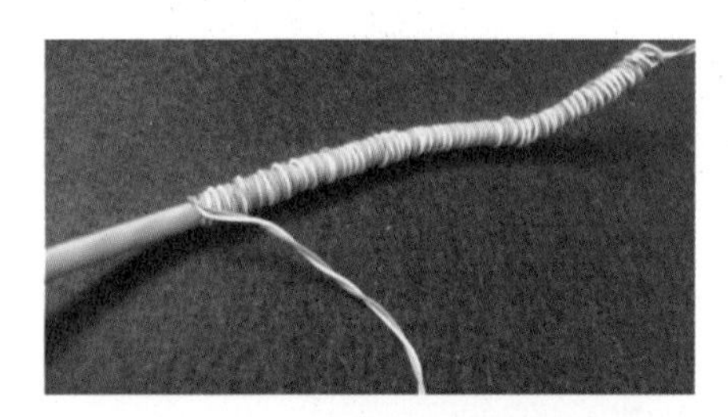

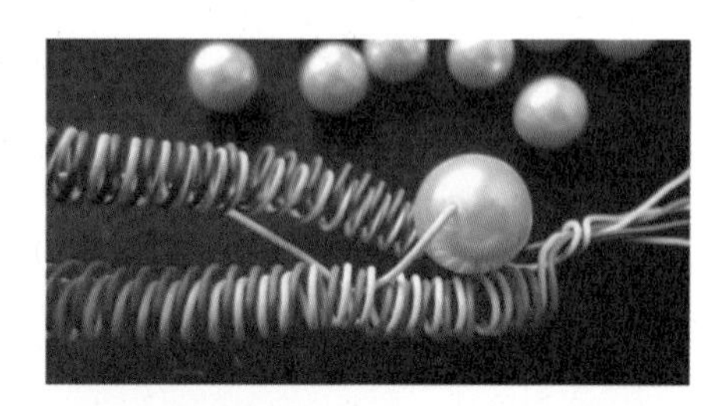

（4）最后将穿好的几股铜丝尾部缠绕在一起即可完成作品。

第三节　戒指设计

一、戒指的分类与装饰特点

戒指是一种戴在手指上的装饰品，任何人都可以佩戴。佩戴戒指的习俗源远流长，在不同地方，佩戴方式有着不同的代表含义。它也是时尚饰品中必不可少的一类装饰品，从材质上来分，有黄金戒、白金戒、银戒、钻石戒、嵌宝戒、玉戒、金属戒、宝石戒、塑料戒、木或骨戒等。若从造型式样上来分类，比较常见的为光戒、字戒、钻戒、玉石戒、嵌宝戒、花戒、装饰戒等。

（一）光戒

也可以称为天元戒，上面没有任何花纹和装饰物，体现的是一种简洁纯净之美，一般是由手工或者机械捶打而制成。如图 3-8 所示。

图 3-8　光戒

（二）字戒

就是在戒面刻以文字为装饰的戒指，戒面较为宽大，有方形、菱形、圆形、椭圆形等，在戒指上面一般刻有主人的名字或者吉祥的文字内容等。如图 3-9 所示。

图 3-9　字戒

（三）钻戒

在戒身上镶嵌钻石的戒指称为钻戒。镶嵌的钻石有单粒的，也有多粒的。造型亦十分丰富，所以我们把钻戒分为三类，第一种是单主石女戒，指装饰物只有一颗大钻石；第二种是主石混镶女戒，设计中注意钻石的大小搭配，以突出主石为主；第三种是群镶女戒，设计中没有主石，都是用小钻进行疏密有序的排列。如图 3-10 所示。

图 3-10　钻戒

（四）玉石戒

是用翡翠、玛瑙等玉石原料制成的戒指，其造型和色彩别有一番情调。玉石戒由于原材料本身的色泽与质感不同，呈现出的戒指造型与色彩美感也有不同的特色。如图 3-11 所示。

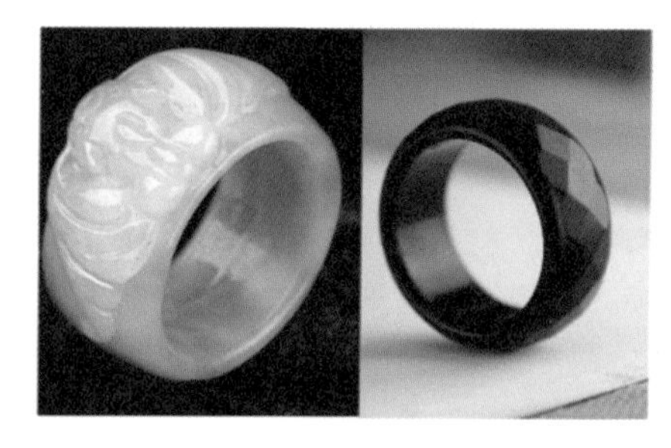
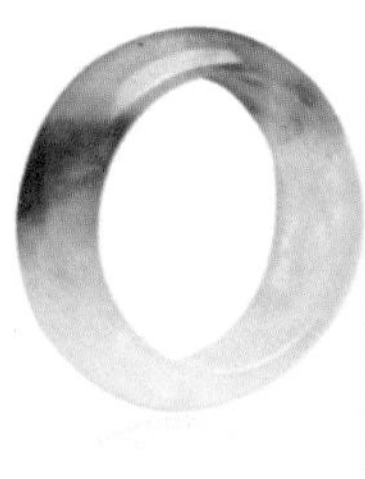
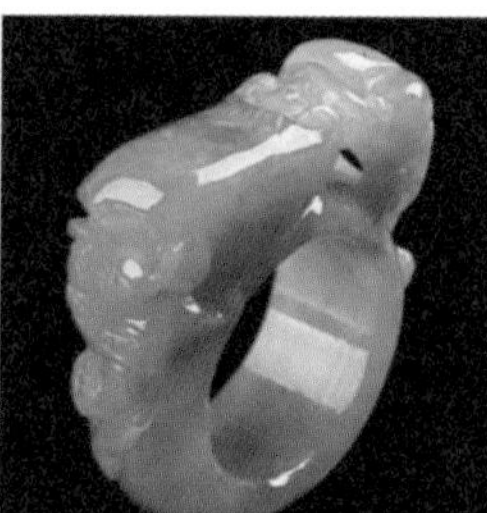

图 3-11　玉石戒

（五）嵌宝戒

在戒指身上镶嵌各种宝石的戒指被称为嵌宝戒。它的设计注重戒面和戒指整体的造型搭配，直至今日，以翡翠、祖母绿、水晶等各类宝石镶嵌而成的戒指，设计师将其纪念意义和装饰性都融入其设计中，从而使其显得更加高贵与豪华。如图 3-12 所示。

图 3-12　嵌宝戒

（六）花戒

花戒又可称为花丝戒和缠丝戒，其戒面的图案变化丰富，造型别具特色，多以花卉或者 12 生肖作为设计主题。如图 3-13 所示。

图 3-13　花戒

（七）装饰戒

装饰戒没有材料和款式的束缚，给了设计师更多的想象设计空间，所以装饰戒的设计可以更加新颖、夸张和大胆。如图 3-14 所示。

图 3-14　装饰戒

二、案例解说戒指的制作方法

案例一：个性珍珠戒指

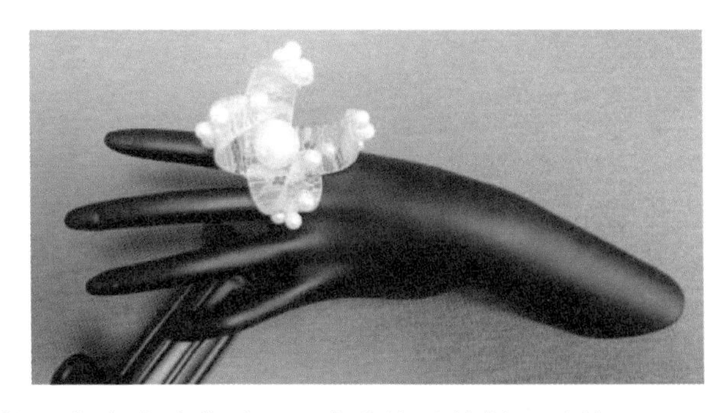

材料准备：戒托、大小珍珠若干、亚克力饰品辅料、胶枪。

（1）用胶枪把珍珠与亚克力饰品辅料粘合，然后将两个半圆辅料交错粘合在一起。

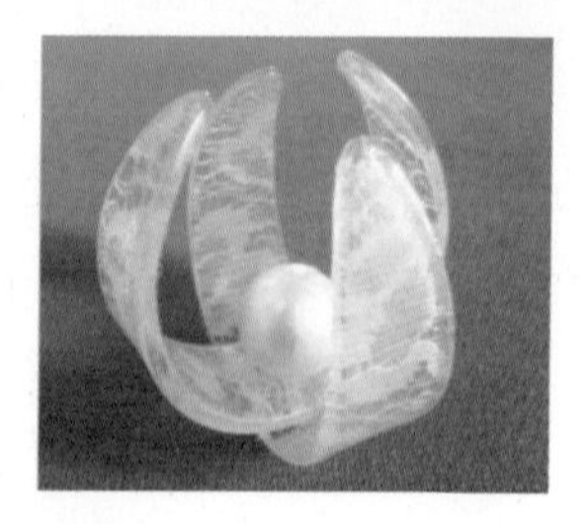

（2）把小珍珠依次与戒面粘合，然后装上戒托即可完成。

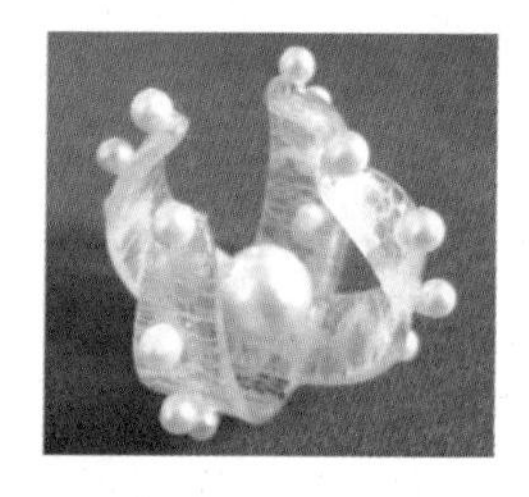
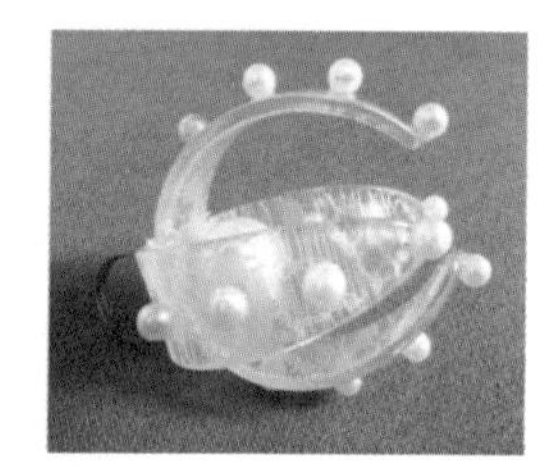

案例二：羽毛花戒

材料准备：戒指托、花托、金属扣子、金属带钻五瓣花、黑色珠子、羽毛、胶枪。

（1）先将金属扣和戒托粘合在一起，然后将花托粘在扣子上。

（2）用胶枪将带钻五瓣花粘合到花托上，再粘上花心，最后将羽毛粘在花瓣上即可。

案例三：不织布花朵戒指

材料准备：不织布、波浪剪、鱼丝线、若干小钻、UHU 胶水、戒托。

（1）先用波浪剪剪出若干个小圆片，再将小圆片对折后用鱼丝线缝起来。

（2）缝合成小花瓣后将其与戒托缝合，从戒面中的小孔下针，固定住上面的花朵。

（3）缝合若干个小花瓣后，即可将小钻与花瓣粘合。

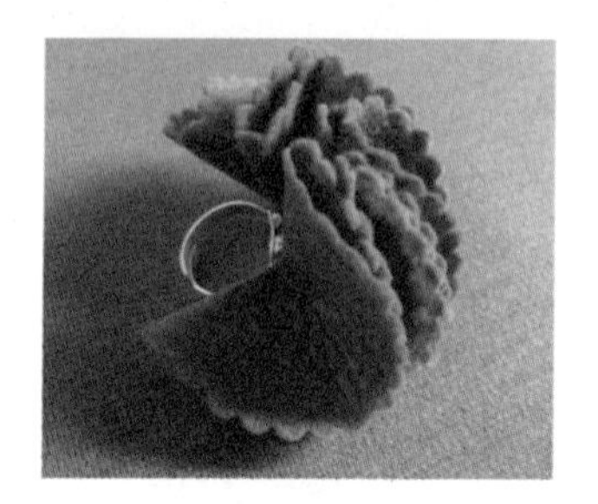
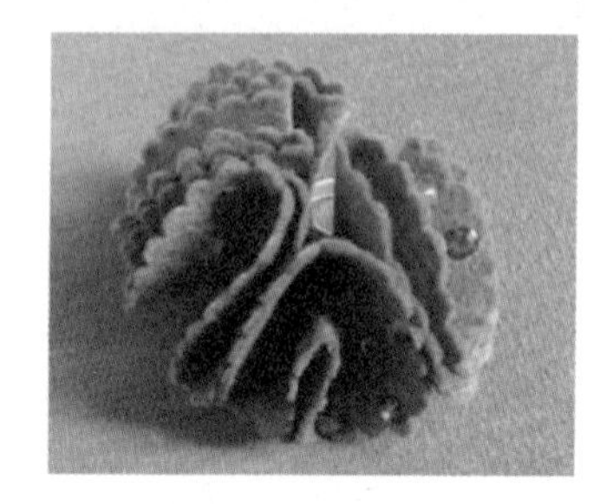

案例四：果戒

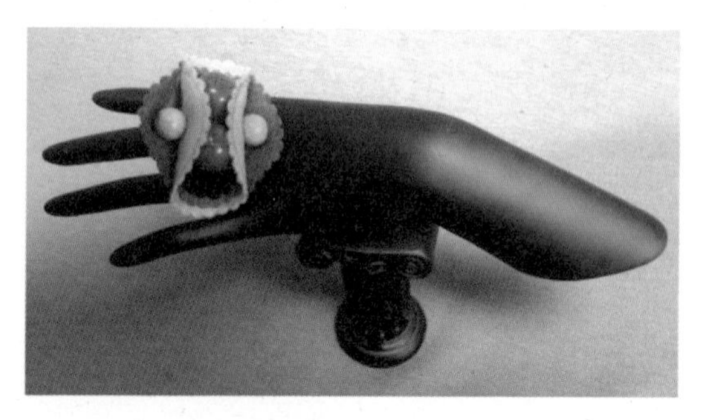

材料准备：不织布、花剪、珠子、胶枪。

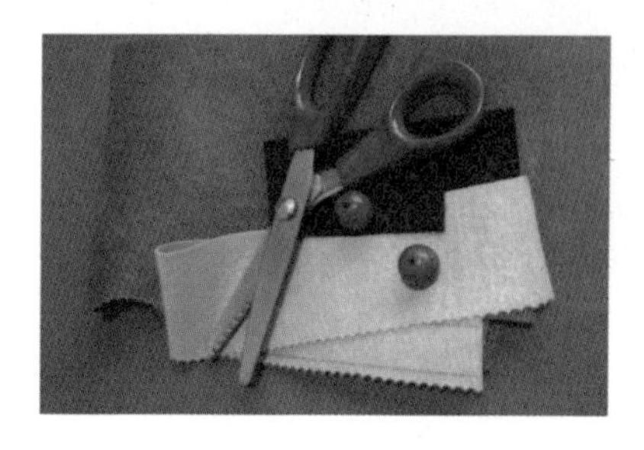
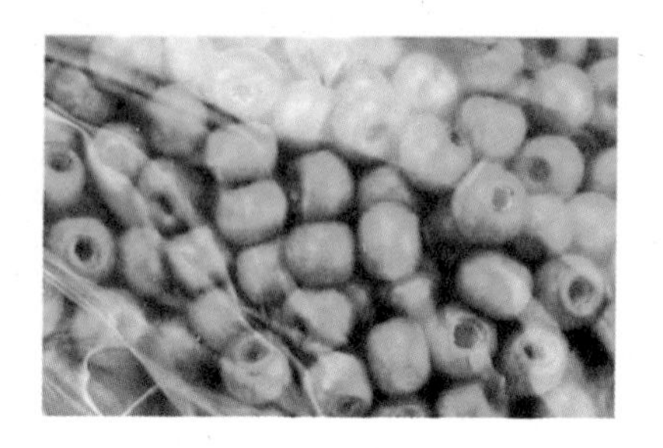

（1）用波浪剪剪出若干大小不等的小圆片，将圆片依照下大上小的规律粘合好。

（2）将最上面一层包裹上大的红色珠子，然后依次将外面的不织布向里包裹，粘合好。

（3）将绿色木珠与最外面一层不织布粘合好后，装上戒托即可。

案例五：子母戒

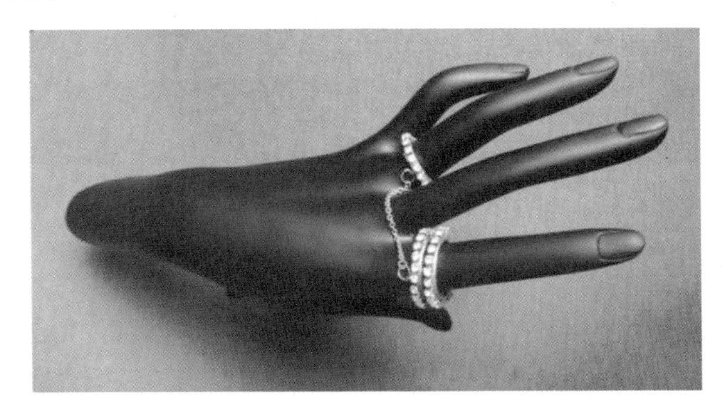

材料准备：戒托、链子、钻条、连接环、胶枪。

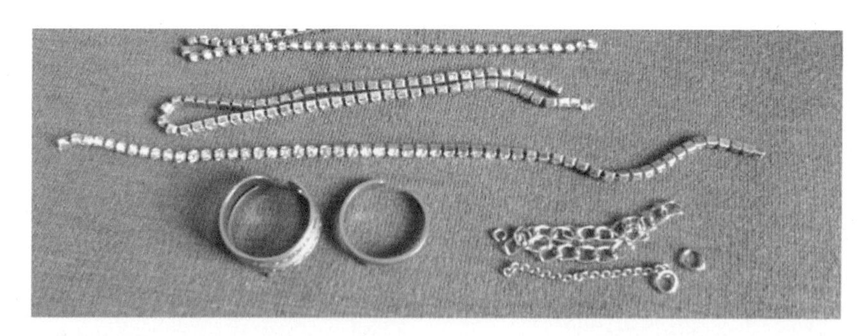

（1）用胶枪将钻条与戒托粘合，钻条沿着戒托的结构走向来粘。

（2）将单戒贴好钻条后，用连接环将其与链条相连接。

（3）最后用连接环将两枚戒指连接在一起即可。

第四节　胸饰设计

一、胸饰的类别与特点

胸饰是现代社会中女性常用的装饰品之一，它是佩戴或者装饰上衣前胸的一种装饰品。大致可以分为胸针、胸花、徽章等品种。

（一）胸针

胸针一般可佩别于前胸中心位、前胸侧位或者外装的领面部位，也可以与颈饰相叠加佩戴，胸针的造型更是集各种习俗情趣和时尚元素为一体。就我们常见的就有兰花形、钻戒形、椭圆形、扇形、蝶形、乐器形、花叶形、元宝形和动物形等。在材质上，质地多为银制或白金，镶以宝石、水晶、彩石等，还有一种胸针如卡通图案、玩具型胸针、胸针扣等可与活泼俏皮的学生装、休闲装相搭配。如图 3-15 所示。

图 3-15　胸针设计

（二）胸花

胸花比胸针更具体量感和动感。有的用绢制成，有的直接用服装面料制成，它可以分为大型胸花和小型胸花两种，大型胸花一般由多种宝石或者多种材料组合搭配而成，或者是由纺织品、珠子、羽毛等组成。小型胸花造型比较简单，多采用单颗宝石或者简单的几何图形，虽小但是做工很别致，在服饰配搭中具有巧妙的呼应作用。胸花可佩戴于女性的针织衫上，也可佩戴于正统套装外，然而图案和款式繁琐的服饰不宜佩戴胸花，以免与胸花的装饰性产生冲突，不仅起不到装饰的作用，看起来还凌乱。如图 3-16 所示。

图 3-16　胸花设计

（三）徽章

徽章其实是一种佩戴在身上用来表示身份、职业的标志。还有专门设计图案的徽章，如伟人纪念章、重大事件纪念章、旅游纪念章，以及校徽和厂徽等其他徽章。如图 3-17 所示。

图 3-17　专用徽章

二、案例解说胸饰的制作方法

案例一：水晶胸花

材料准备：胸针托、羽毛、花托、彩钻若干、不织布、胶枪。

（1）用胶枪将各种异形的彩钻粘合到花托里面。

（2）将羽毛逐层粘合在花托后面。

（3）将不织布剪成适当大小的圆，将其贴在花托的背面，然后粘上装饰吊坠。

（4）固定好吊坠后，将别针托粘合在胸花的背面即可。

案例二：毛球胸花

材料准备：毛线、铁丝、饰品辅料、胸针托、毛条、呢料、胶枪。

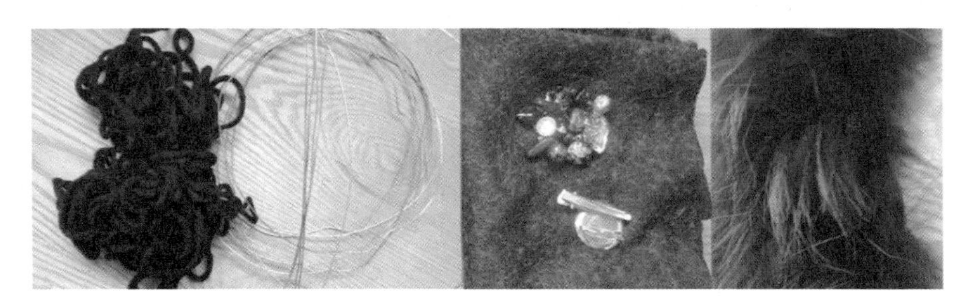

（1）将呢料剪一个比饰品托稍大的圆片，将毛条沿着圆片缝制一圈。

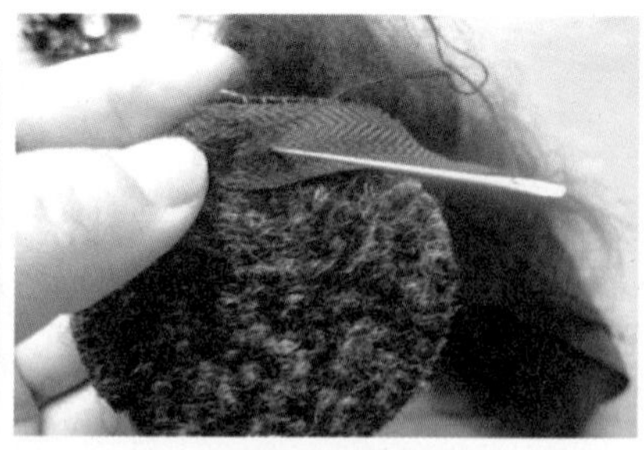
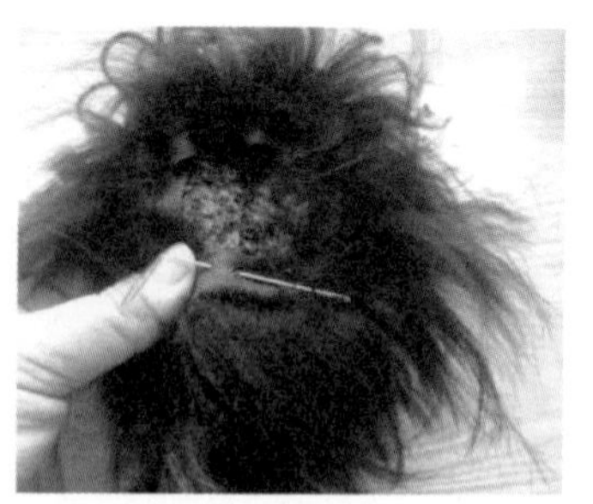

（2）将铁丝夹成若干小段，再将毛线缠在铁丝上，两头封好胶。

（3）将缠好的铁丝做好造型后，用呢料把它固定好，然后与花托的背面粘合。

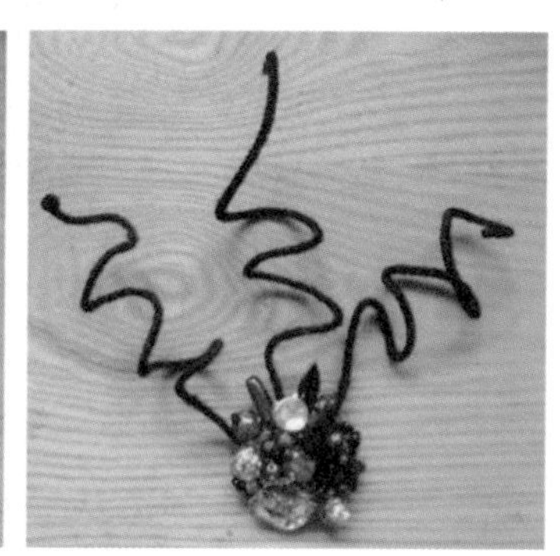

（4）将花托粘合在毛片上面，反面固定好胸针托即可。

案例三：孔雀胸花

材料准备：孔雀毛、金属花托、水晶珠、直钩、鱼丝线、胸针托、胶枪、连接环、UHU 胶水。

（1）用鱼丝线将形状各异的水晶珠依次缝在金属花托上面。

（2）缝合好后，用直钩将小吊坠穿起来，用连接环将其挂在花托上。

（3）将孔雀毛的杆上涂上 UHU 胶水，然后插入到花托间的缝隙中固定，将胸针托贴在花托的背面，即可完成作品。

第五节　腰带设计

一、腰带的造型与材料设计

腰带又称皮带、裙带等，它由来已久，发展到如今，腰带已经是大家日常生活中不可少的必需品。它在服装造型中也起着重要的作用，为了适应大众对腰带时尚及品位等方面的需求，腰带也逐步演变，装饰功能逐渐加强。如今，腰带的分类也越来越多，它包括臀围带、背带、胯带、吊带等多种带式。按材料可分为皮带、布束带、珠饰带、塑料腰带、草编带、金属带等；按制作方法可分为切割皮带、压模带、编结带、缝制带、链状带、雕花带、拼条带等。

腰带主要的款式及设计表现更多的是来自于扣头，所以扣头也有多种分类。按扣头的结合方式可分为板扣带、自动扣带、针扣带及一些压合型扣带，按扣头的材料可分为合金扣、铜扣、不锈钢扣、金属拼皮扣头等，当然也有比较少见的贵金属扣头，如黄金扣、银扣。

下面介绍几种主要的腰带款式设计：

（一）链状腰带

它是由金属或者塑料制成的单层或者多层链式腰带，链上可以装饰挂件或珠饰，装饰性较强，在接头处一般用钩环连接，如图 3-18 所示。

图 3-18　链状腰带

（二）流苏腰带

流苏腰带一般由多股线绳编结制成，上面可以悬挂吊坠和装饰物，根据风格、宽窄不定，加上扣袢或者套环作为腰带连接口，再加上流苏即可，如图 3-19 所示。

图 3-19 流苏腰带

(三) 宽腰带

宽腰带一般由皮革、草编、松紧带等材料制成，带身较宽。松紧的宽腰带一般扣头位于正腰前，系在腰部或者胸部下方最细的位置，扣头可以用玻璃钻、珍珠或者花朵来装饰，皮革类无弹性的宽腰带一般采用斜扣式的方法，挎在臀部，带身一般用金属配件或者铆钉等辅料来装饰，如图 3-20 所示。

图 3-20 宽腰带

(四) 窄腰带

窄腰带多为细长的皮腰带，可以是线绳编织的，也可以是皮绳自由缠绕的，窄腰带一般用来搭配宽松的上衣最佳，如图 3-21 所示。

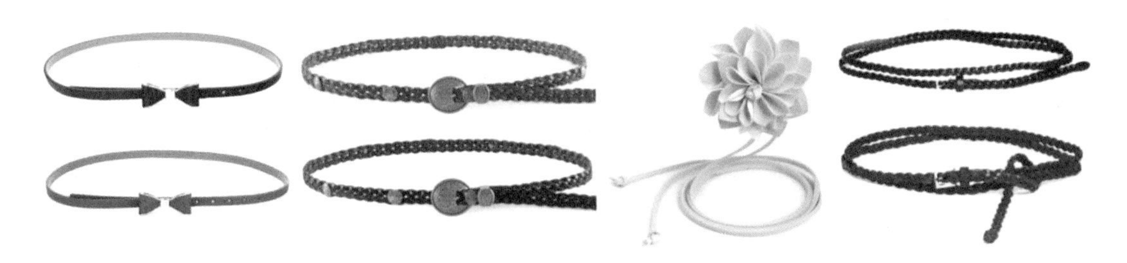

图 3-21 窄腰带

(五) 珠饰腰带

珠饰腰带是在皮革或者腰带上缀满珠饰亮片的一种腰带，可以按照其色彩或形状排列出漂亮的花纹图案，如图 3-22 所示。

图 3-22　珠饰腰带

（六）双层腰带

双层主要强调的是层次感与厚度，材质一般以皮革为主，设计时拉大内层与外层的宽度对比和造型，如图 3-23 所示。

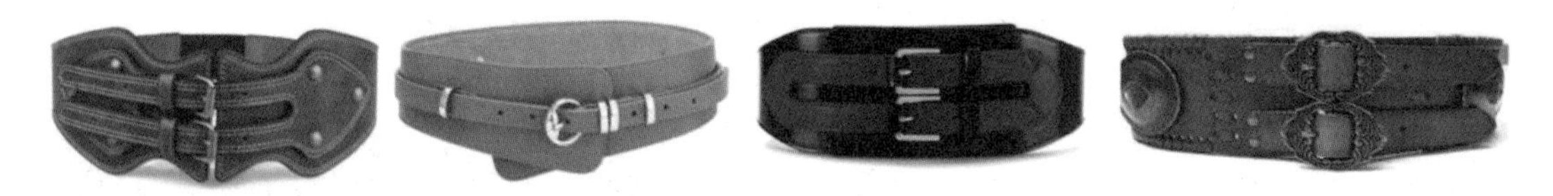

图 3-23　双层腰带

（七）草编腰带

草编腰带将皮革切成细条状，按照不同的造型进行编结，形成花纹，如网状、辫状。也可以用棉绳进行多股的编织，在棉绳上还可以用串珠来进行变化。如图 3-24 所示。

图 3-24　草编腰带

（八）背带

背带是搭在肩上、系住裤子或裙子的带子，除了传统的背带外，时尚夸张的背带带身可以用花边、羽毛或者钻条来进行搭配。如图 3-25 所示。

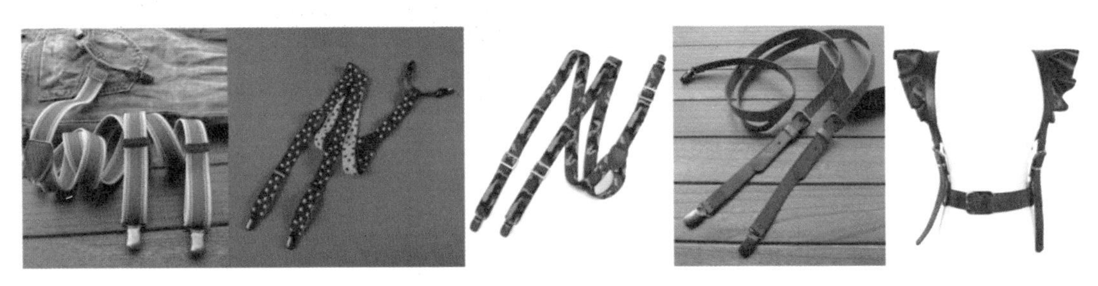

图 3-25　背带

二、案例解说腰带的制作方法

案例一：编绳腰带

材料准备：尼龙绳一卷、连接环一对。

（1）将 2 根尼龙绳两两双股套进铁环，然后取最外侧两股与中间两股相交。

（2）将绳子编到最尾部后打结系紧。

（3）将绳子尾部分股拉毛即可。

案例二：复古腰带

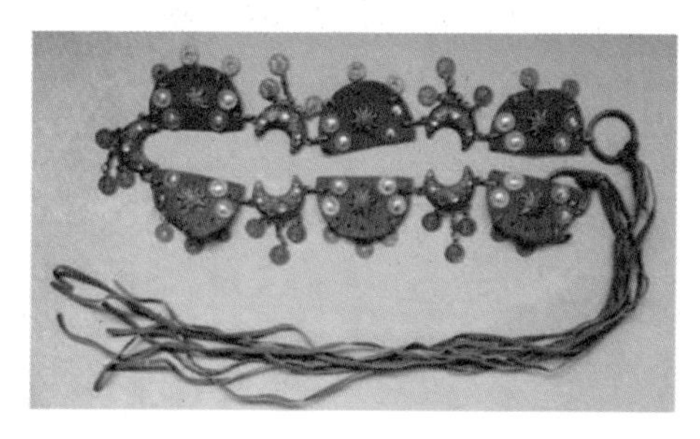

材料准备：铜挂件若干、麂皮挂件若干、仿铜吊坠若干、连接环、麂皮绳、铜环。

（1）将仿铜吊坠挂在月牙形铜挂件上，然后将连接环异成钩状挂在月牙形铜挂件两边。

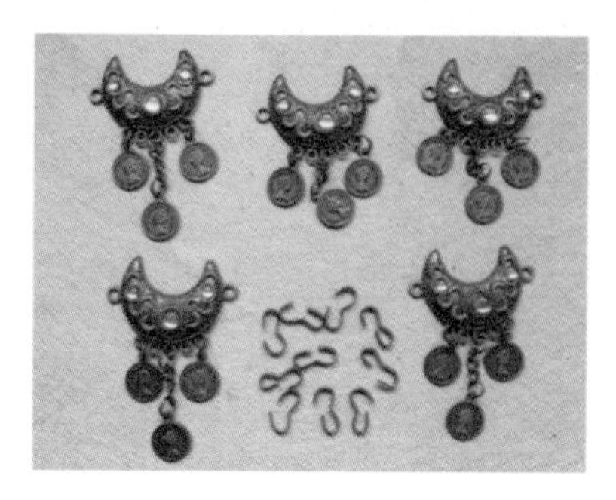

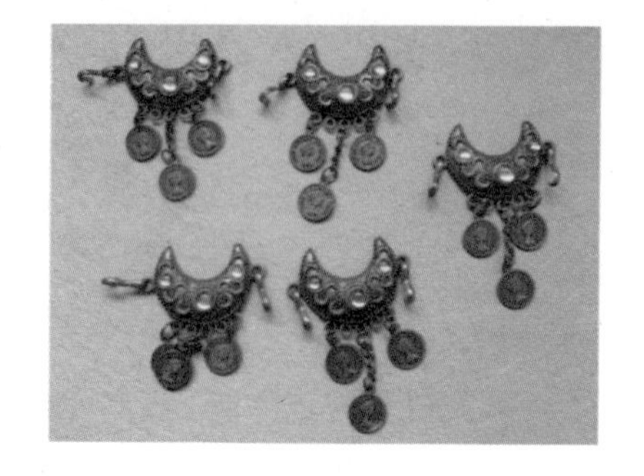

（2）将仿铜吊坠用连接环依次挂在半圆形麂皮挂件上。

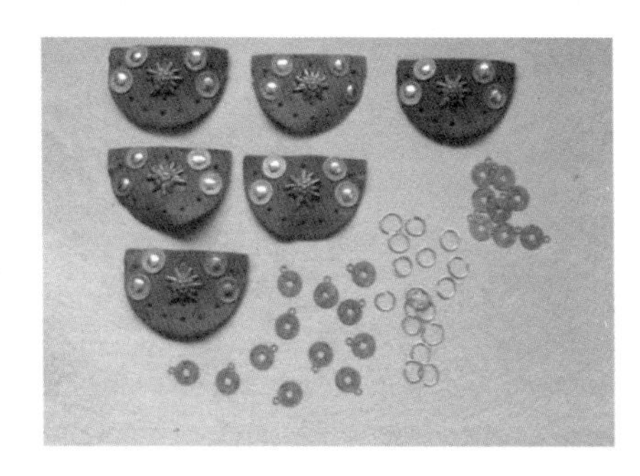

（3）用连接钩将半圆形麂皮挂件与月牙形铜挂件相连接，然后在两头各连接一个铜环。

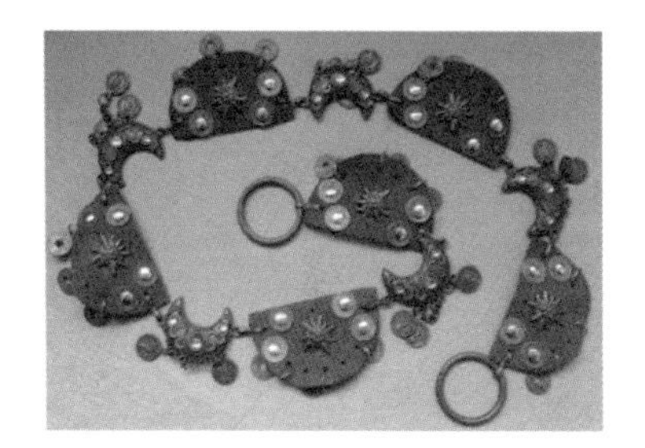

（4）在两个环上都缠上麂皮绳，即可完成作品。

案例三：花朵穿珠束腰带

材料准备：不织布、黑珍珠、连接直钩、束腰黑皮筋、蕾丝花朵、胶枪。

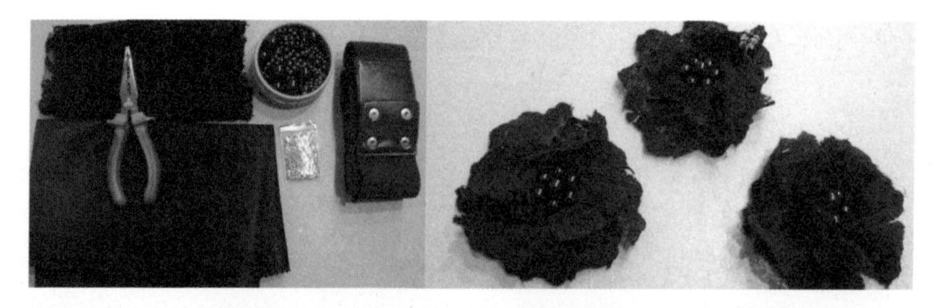

（1）将黑色珍珠用直钩穿起来，然后将穿好的珍珠挂在黑色束腰橡皮筋上。

（2）将不织布裁剪成适当的大小，与花朵粘合。

（3）将粘合好的花朵用胶枪粘合在束腰带的皮头上面即可。

案例四：金属马毛皮带

材料准备：金属皮带配件、金属扣头、皮料、UHU 胶水。

（1）用笔在皮料反面画出要裁剪的形状，然后用刻刀把皮料割下来。

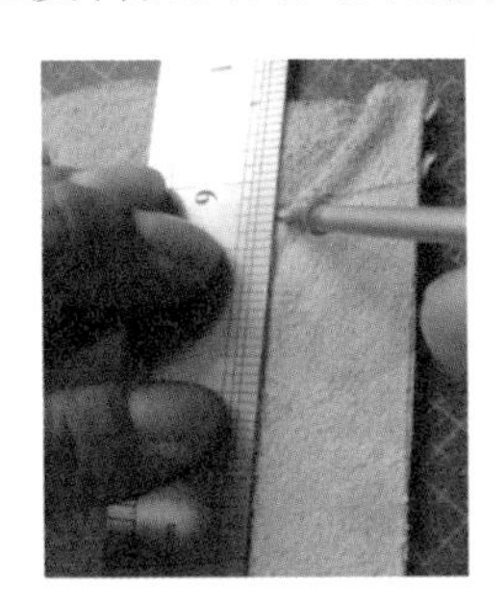

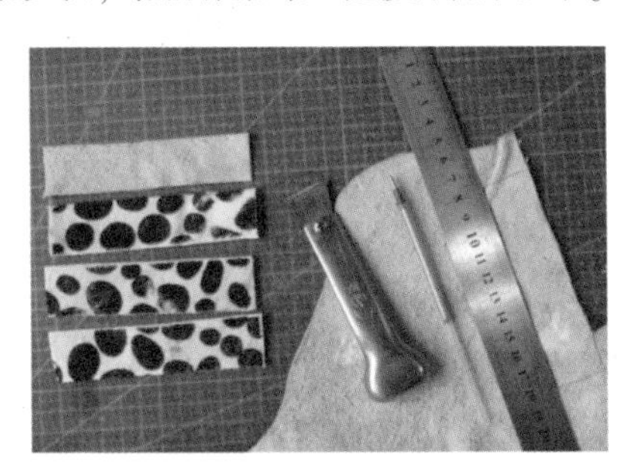

（2）用UHU胶水将裁剪下来的皮料两两对粘，这样可以让皮料更厚实一点。

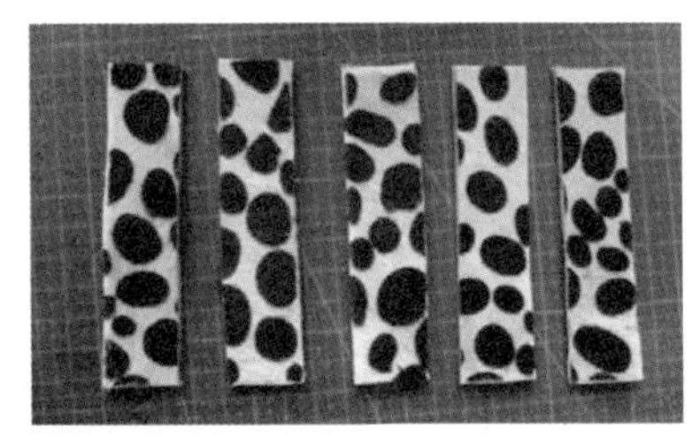

（3）将做好的皮料夹到金属皮带配件中间，两头分别上好螺丝。

（4）将金属夹扣与皮料全部衔接好后，以同样的方法上带头与皮带尾夹即可。

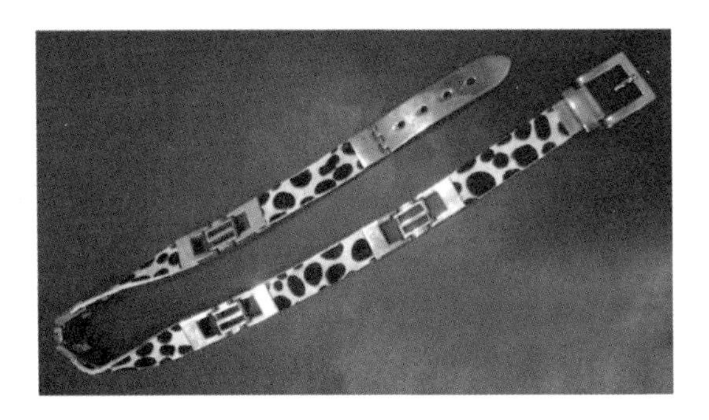

案例五：水晶头束腰带

材料准备：大水晶钻、金属水晶托、针线、不织布、束腰黑皮筋、胶枪。

（1）在不织布上画出需要的花形，然后剪下。

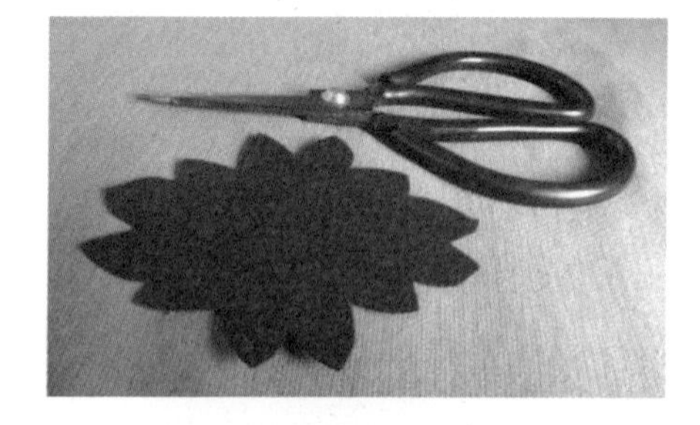

（2）将水晶托按照剪下的花形摆放好位置，然后用胶暂时固定住。

（3）用针线穿过水晶托旁边的针眼，将它与不织布缝牢固后，再把水晶钻镶进去。

（4）将水晶钻全部镶好后，用胶枪把其固定到束腰黑皮筋上即可。

案例六：金属腰链

材料准备：金属链条、套环链条、金属钻托、连接钩、连接环扣。

（1）将连接钩套在金属钻托上，然后将金属钻托依次连接在一起。

（2）所有的金属钻托连接好后，再将最后一个托与连接环扣相连接。

（3）用连接钩将金属链条和套环链条相连，然后再与金属钻托相连即可。

第六节　学生作品欣赏

一、前卫风格

制作小贴士：一种是利用铁丝来做造型，将硬纸板剪成需要的形状，用铁丝往上缠绕，最后抽出纸板即可；或者将铁丝扭成需要的形状，在外面用花边网纱罩住，再加以羽毛和钻饰做装饰即可。另一种是通过金属配件、螺丝、金属链、橡胶绳、钮钉之类的配件，用铜丝、胶枪将其连接在一起，进行组合搭配。

二、民族风格

制作小贴士：一种是利用中国绳进行缠绕和编结来制作，再加以钻饰和珠子即可；另一种是通过铁链、铜底座和宝石贴等物品来制作加工而成。

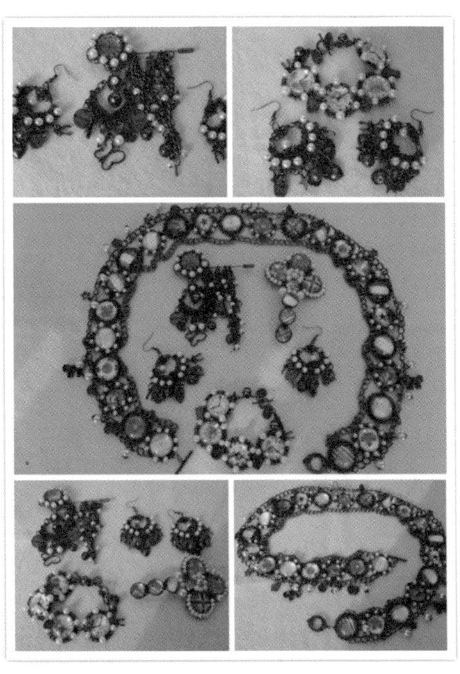

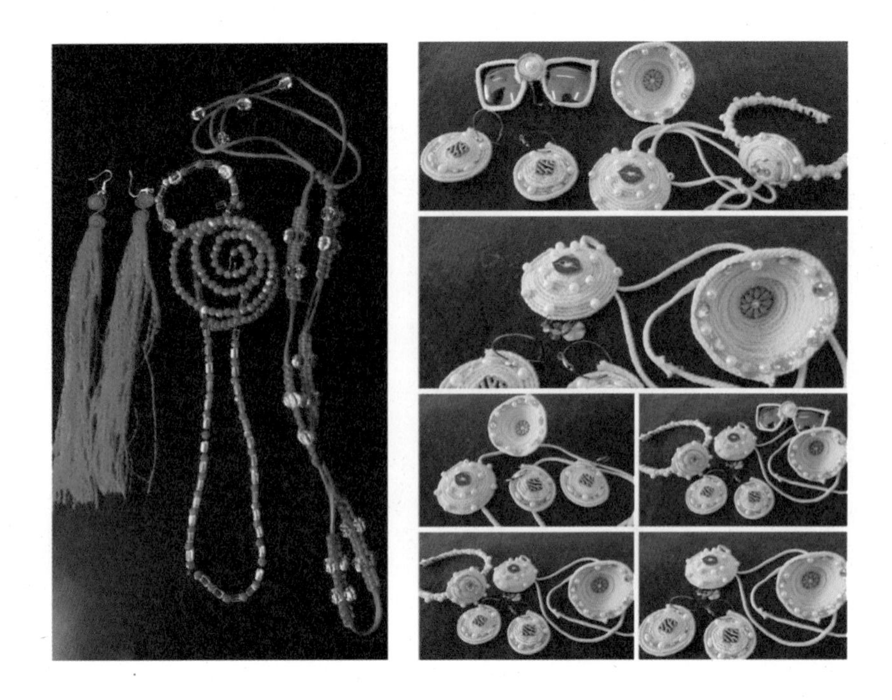

三、田园风格

制作小贴士：可以利用碎花布包棉花，缝制成各种可爱的形状，然后连接在一起，也可利用棉绳盘花、编结、缠绕制作出纯朴的自然原始配饰。

四、“萝莉”风格

制作小贴士：以棉花边作为底衬，利用各种颜色的海绵纸做花，粘连在一起，再用珍珠做点缀，还可以将各种颜色的软陶捏成圆球，再将其串成珠链和手环，最后用布艺娃娃和蝴蝶结进行组合。另外还可以利用缎带做花和蝴蝶结，然后配上花边进行组合。

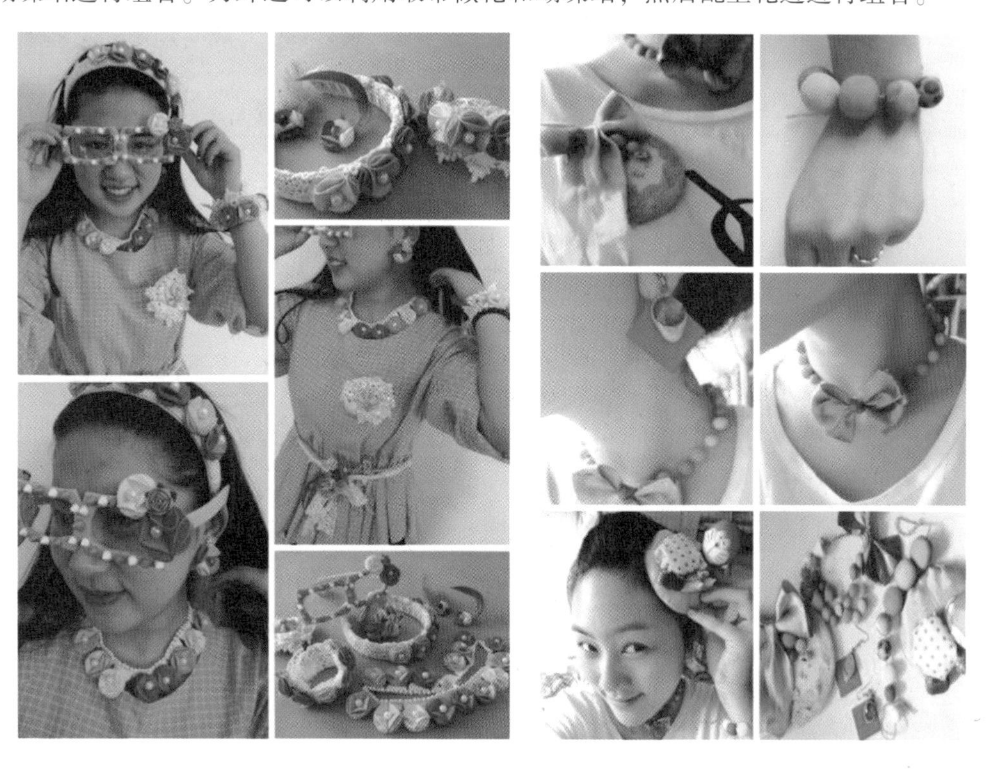

五、唯美风格

制作小贴士：可以利用薄纱做成花朵，再用花边丝带、珍珠、干花以及小钻来进行装饰。还可以将细铁丝穿入珍珠，将其塑形，再将小金珠串串好，与其连接，然后加以钻饰进行装饰。另外，还可将厚卡纸剪成圆形，喷色，贴上小钻后，配以链条和珍珠进行组合连接。

六、韩式风格

制作小贴士：中性的色彩搭配，利用棉质花边、缎带、蕾丝、小珍珠亮片进行搭配与制作，还可将牛仔面料进行拉毛处理，做成花朵和蝴蝶结，再配合一些金属配件即可完成作品。

七、个性夸张风格

制作小贴士：将亮片缝制到缎布上，裁剪成需要的形状，再将泡沫纸做成花朵与其连接，然后利用面料再造的手法将布料缝制成需要的纹路即可。也可以选用纱材质的面料缝合成需要的形状，用棉花进行填充，在周边缝制珠片即可。还可以选用剪纸和折纸的手法，用有光泽的贴墙纸进行制作。

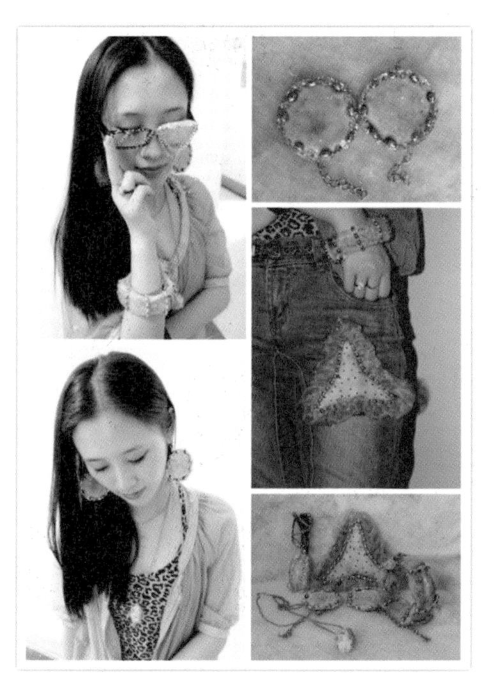

八、创意风格

制作小贴士：利用铁丝、玻璃来进行创意设计，也可以将羽毛、皮绳、链条、宝石进行搭配制作，还可以将回形针与小米珠进行穿插搭配制作配饰。

第四章

包 袋 设 计

第一节　包袋设计

一、包袋的用途与分类

包袋的产生是以实用为主要目的，它主要解决人们携带、储蓄、保存物品的需要。随着社会的发展，包袋从简单的实用功能发展到了兼具装饰功能。现代社会中，更多的新型材料被发掘和应用，不断改进的加工技术以及不断提高和完善的缝制工艺使包袋的设计元素更加丰富，造型也千变万化，它在实用性和装饰性的基础上变得更加缤纷多彩、更加引人注目，现今它已经成为21世纪时尚界的新宠儿。

包袋的款式和种类非常多，它可以按功能、材料、款式和制作方法来分类。

(1) 按功能可以分为：书包、公文包、电脑包、旅行包、军用背包、餐盒形手提包、摄影包、晚宴包、化妆包、钱包等。

(2) 按材料可以分为：真皮包、PU包、塑料包、帆布包、牛仔包、毛线包、尼龙包、草编包等。

(3) 按款式可以分为：手提包、手拿包、单肩包、挎包、背包、腰包、零钱包、个性包、民族包、手腕包等。

(4) 按制作方法可以分为：珠绣包、拼缀包、编织包、雕花包、铆丁包、流苏包、金属网包、镶钻包等。

二、包袋的材料与装饰设计

包袋的材料有很多种，如皮料中包括：动物皮革、人造革、皮草；布料中包括：帆布、牛仔布、无纺布、粗棉布、丝绸、针织布、塑料布等；各类线绳包括：麻绳、尼龙绳、毛线、丝线、铁丝、尼龙线；其他特殊材料包括：珍珠、亮片、水晶、水钻等材料。除了这些现有的材料外，材料再造也是当下流行的一种包袋设计趋势，在符合流行和创意需要的基础上，运用多种设计手段和制作工艺对成品材料进行再次加工，以改变面料的原有特性，塑造出具有强烈个性特色的外观形态。

包袋的装饰设计主要指表面的装饰处理，可以用在包袋上的装饰有很多种，如缎带、花边、贴花、雕花、编结、贴钻、印花、镶嵌、立体花、拼接、金属钉、金属片、珠子、珠片、羽毛、流苏、刺绣等。其中，附件设计也有很多种，如标牌、搭扣、提手、包袢、拉链、包带等物品。下面着重介绍几个现今较常见的装饰手法：

（1）缎带、花边。缎带的颜色丰富，种类繁多，它常常用来装饰化妆包、单肩挎包、宴会包。缎带可做成花结来使用，可以系在包上作为装饰品，也可以直接使用。花边包括蕾丝花边、纯棉花边、弹力花边、织花花边、抽褶花边、电脑刺绣花边、镭射和镂空花边等。其中，蕾丝花边和单色的电脑刺绣花边可以装饰风格雅致的包袋，如化妆包；民族风格的花边常用来装饰单肩挎包等。如图 4-1 所示。

图 4-1　缎带、花边装饰设计

（2）编织、抽褶。这两种作为包袋的装饰手法，其设计创意较为自由和随意，形式多样，可用来装饰各种造型的男女式包袋。如图 4-2 所示。

图 4-2　编织、抽褶装饰设计

（3）立体花。它是用纺织品面料仿照真花造型制作的花，常用在沙滩包、宴会包、民族包的装饰上，做立体花的材料可以与包的材料一样或不一样。如图 4-3 所示。

图 4-3　立体花装饰设计

（4）拼接。它有两种形式：一种是将面料进行拼接来做包面，一种只是局部拼接些图案。拼接面料做包面的方法可以用在各种包型中。而拼接图案一般用在沙滩包、筒包、单肩挎包、腰包、化妆包、皮夹等包型上，大部分为女士用包。如图 4-4 所示。

图 4-4 拼接装饰设计

（5）金属钉、金属片。这类材质的装饰辅料可用在很多类型的包袋上，闪光的金属片常用来装饰宴会包。大多金属装饰的包具有前卫、时尚、野性、朋克、粗犷的感觉，用彩色闪光片装饰的包更具神秘感。如图 4-5 所示。

图 4-5 金属钉、金属片装饰设计

（6）珠子、珠片、水钻。它常用在宴会包、民族包、手包、化妆包、小钱夹等装饰性较强的包袋上，表现出精致、华丽的风格特征。如图 4-6 所示。

图 4-6 珠子、珠片、水钻装饰设计

（7）流苏、羽毛。流苏的运用也较为广泛，它不仅可以用来装饰各种包袋，也可以用来做配饰的辅料，羽毛装饰也是如此，但是使用羽毛装饰的包包范围比较小，有宴会包、单肩挎包或个性包装等，常用在包口的装饰上。如图 4-7 所示。

图 4-7　流苏、羽毛装饰设计

（8）刺绣。男女式包都可以使用刺绣图案来进行装饰。在男包上一般只刺绣标志的图案，而女包上的刺绣图案形式更加丰富多彩。刺绣可以分为手工和机绣两种，在快节奏的今天，大部分是采用机绣的方式来装饰包袋，但是手绣的风格较机绣朴实、灵活多样，在追求返璞归真的时尚趋势下，很多手工刺绣的包袋极具装饰和独特性。如图 4-8 所示。

图 4-8　刺绣装饰设计

（9）标牌、吊牌。它是包装的品牌标志牌和装饰吊牌。标牌的材质一般是用金属做的，而装饰吊牌是用合金或其他材料做的小装饰物，它们通常会挂在包的提手或包带上面，起到品牌宣传和装饰包袋的作用，男女式包皆可使用。如图 4-9 所示。

图 4-9　标牌、吊牌装饰设计

（10）手绘、彩印。用纯手工绘制图案叫做手绘，彩印是指彩色印花。不同的材料必须使用不同的彩绘颜料来绘制。纤维面料制作的包袋可以用纺织纤维颜料来绘制图案，一般在手绘或彩印完成以后，要进行高温烘培固色。而专业的手绘颜料有别于普通的纺织纤维颜料，它在工艺上没有特殊要求，不需要调料调色，也不需要稀释，绘制完毕不需要加热，是非常适合手绘的。近些年来，随着波普艺术、涂鸦艺术的广泛流行，手绘和彩印以其灵活多变的表现形式，成为包袋装饰设计的常用手法。如图 4-10 所示。

图 4-10 手绘、彩印装饰设计

（11）皮雕。主要是以皮革为雕刻材料的一种装饰工艺。利用皮革的延展性来做浮雕式图案，皮雕作品雕刻精美、工艺细致，一般选用质地细密坚韧、不易变形的天然皮革进行创作，也有部分选用人造皮革。皮雕艺术及其艺术风格复古而优美，这种装饰工艺适合任何高档皮包设计。如图 4-11 所示。

图 4-11 皮雕装饰设计

三、案例解说包袋的设计制作

案例一：小马手包

材料准备：一张牛皮、白卡纸、水银笔、清洗笔、皮具定位器、菱斩、手缝腊线、拉链、专用针、裁皮刀、切割垫板、胶锤、手缝木夹、皮革胶。

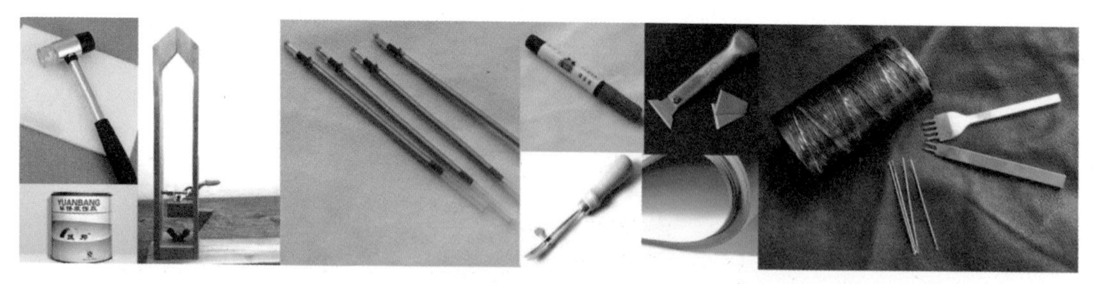

（1）先在白卡纸上将小马包的形状分解图画出来，然后剪下，用水银笔在皮料上比着马形画出轮廓图，然后用裁皮刀将其切割下来。

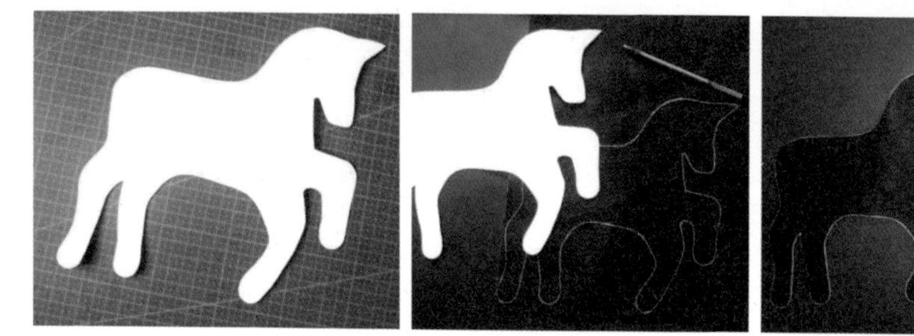

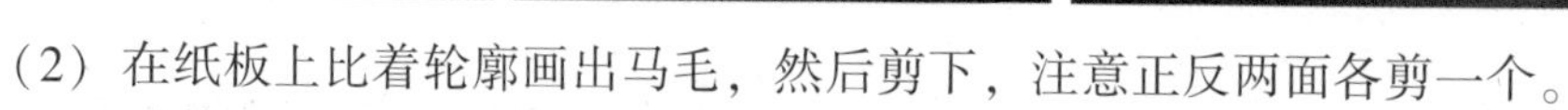

（2）在纸板上比着轮廓画出马毛，然后剪下，注意正反两面各剪一个。

（3）在纸板上画出马尾，将皮革按图剪好，然后对齐缝合。

（4）先用夹子将两匹马相对固定好，然后用菱斩将两层皮革打洞。

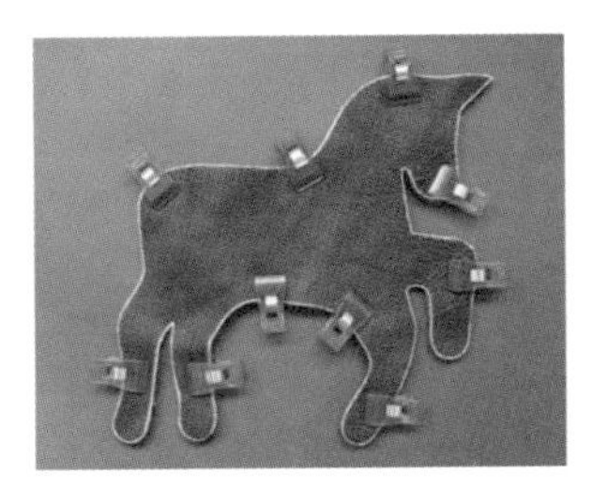

（5）打好洞以后，用手缝木夹将其夹紧，然后留出上拉链的位置，开始针脚对缝。

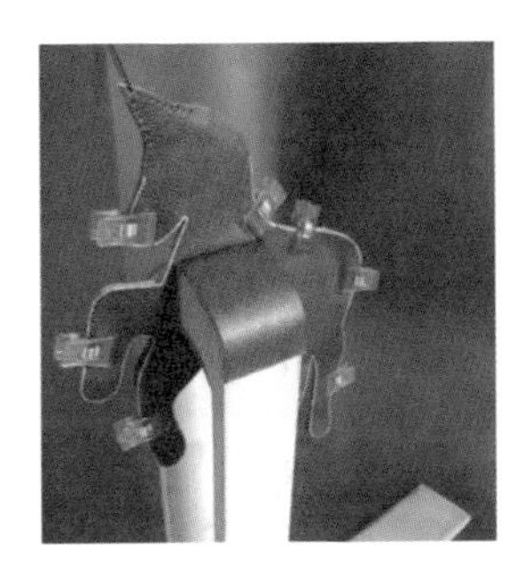

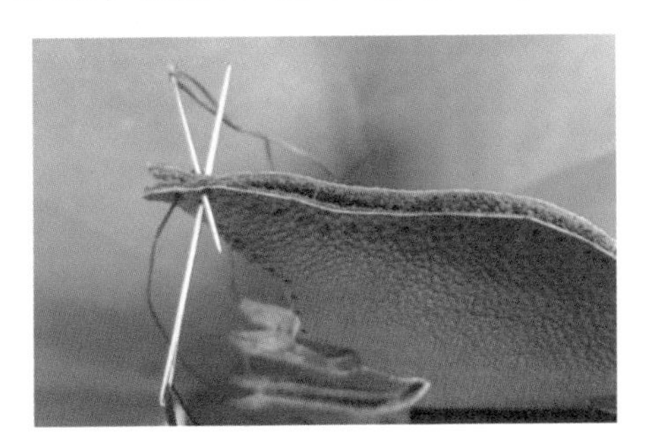

（6）将剪好的马毛用皮革胶粘合好，然后将其夹进小马头部预留的位置，开始缝合。

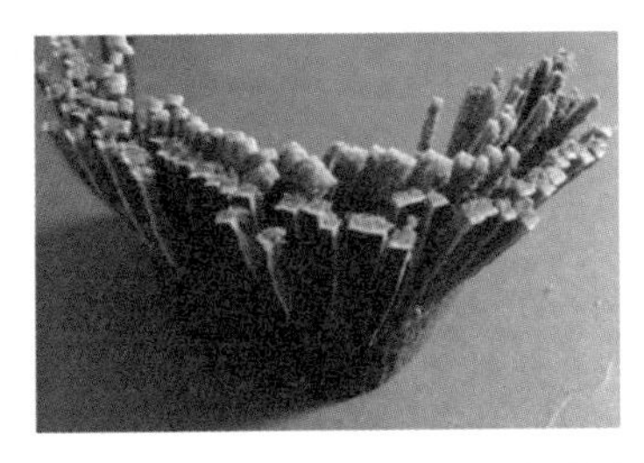

（7）将马毛缝合好后，将马尾巴与拉链头缝合在一起。

（8）先用皮革胶将拉链固定在马包上，然后再用腊线将拉链与小马包缝合，即可完成作品。

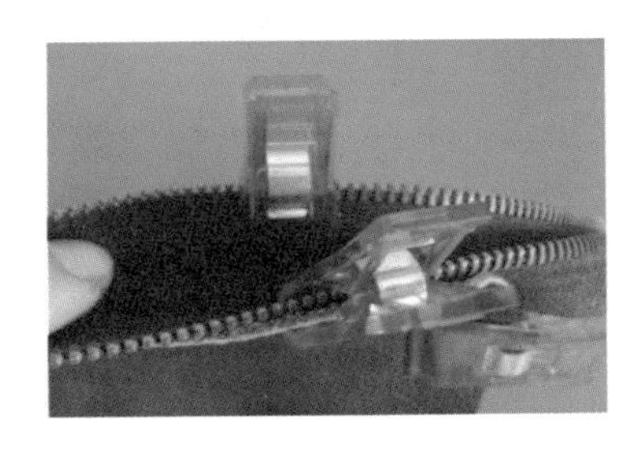

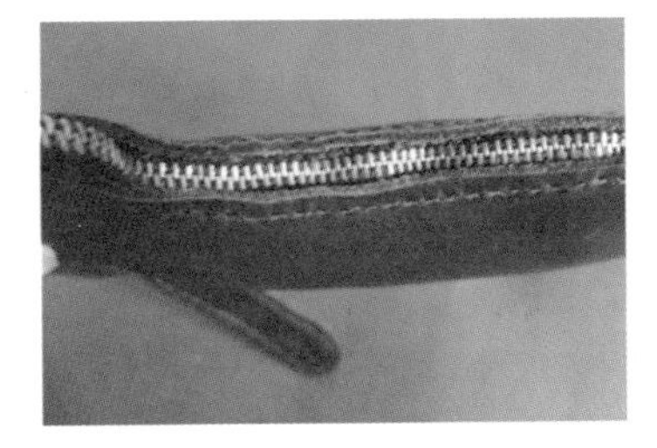

案例二：花朵球包

材料准备：盘子一对、拉链一条、花朵若干、羽毛花球一个、珠子若干、不织布、珍珠毛若干、花剪、黑色喷漆一瓶、胶枪。

（1）先把两个盘子里外都喷成黑色，吹干，然后用胶枪将之前做好的手工花沿着盘子四周有规律地粘合。

（2）在盘子上贴合两圈手工花后，再将羽毛花球固定在盘顶中心。

（3）第二个盘子也依次贴满手工花，注意贴的时候不要留下空隙。

（4）将花盘全部粘合好后，开始安装拉链，将拉链先就一边的盘子固定好。

（5）粘合好一边后，再将拉链与另一个粘合上，注意边粘合边收褶。

（6）将珠子用鱼丝线穿好，缝合在包包上面即可。

案例三：羽毛手包

材料准备： 废纸盒、人造革布料、不织布、羽毛、扣子、白板纸、胶枪、UHU 胶水。

（1）将盒子拆开，留下需要的部分。

（2）将布料按照盒子的大小，四边各留 2cm 缝头，人造革和不织布各剪下一块。

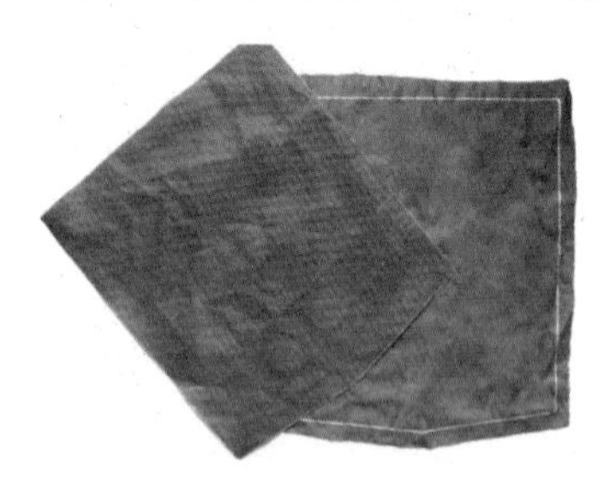

（3）用 UHU 胶水涂抹在纸壳子上，边涂边粘布料，注意粘合的时候用手推平整。

（4）粘合好正面后，用同样的方法平贴反面的不织布。

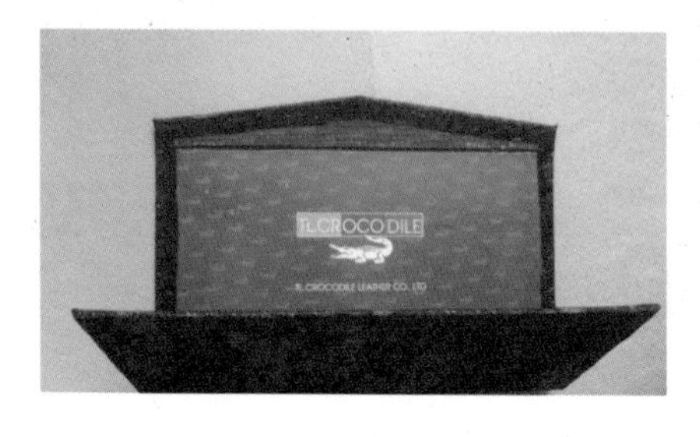

(5) 在白板纸上画出包壁的宽度和大小，剪下后拓出布料形状，将其与包包粘合。

(6) 在袋盖下粘上羽毛，在盖面上粘上装饰扣子即可完成作品。

案例四：不织布手提包

材料准备：鞋盒、不织布、珠子若干、连接直钩、透明薄膜、花边、发箍尾胶、波浪剪。

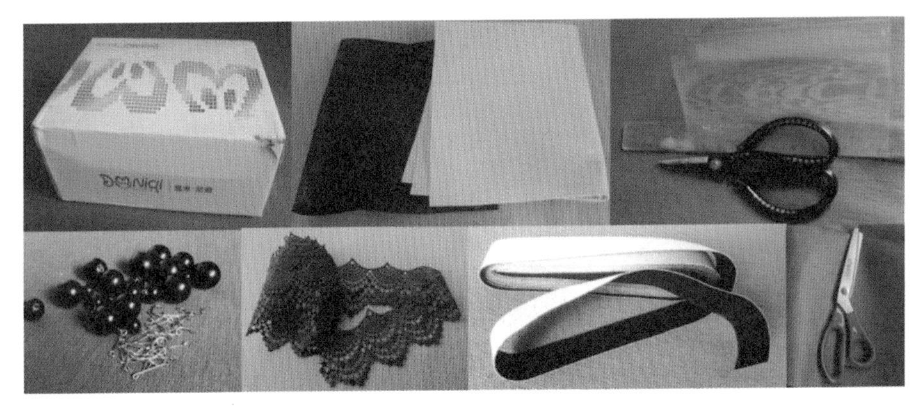

(1) 在鞋盒上面画出开口的位置，然后用剪刀和刀片割出需要的开口。

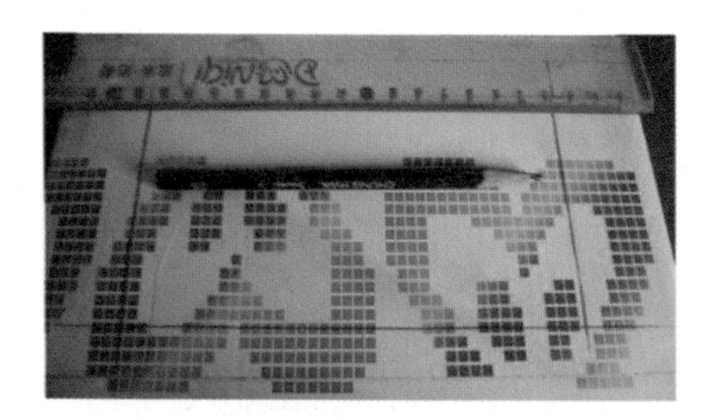

（2）将透明薄膜剪成适合的大小，用双面胶将透明薄膜四周贴满后，贴于盒子内侧的洞口。

（3）将不织布剪成盒壁的宽度，然后将它与盒壁粘合。

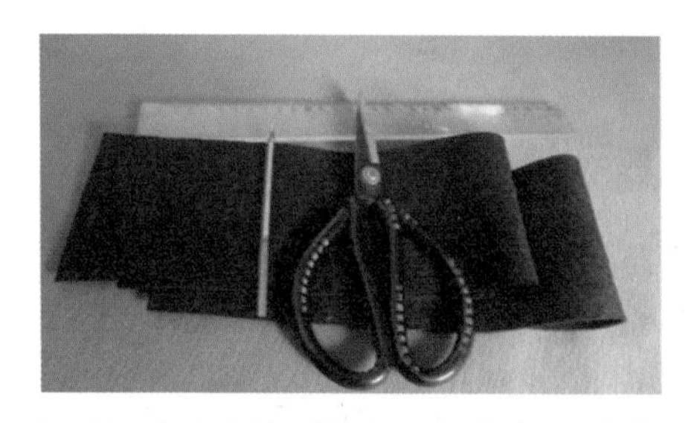

（4）在不织布上用银线笔画出等宽的线条，并用波浪剪剪下。

（5）将剪好的布条依次贴在盒子底部。

（6）将花边剪成适合的长度贴于前面的玻璃薄膜上，然后用剪好的布条盖在四周边缘。

（7）将包的正面贴好以后，再将包盖的侧搭剪出来。

（8）将包两侧面全部贴完以后，再将包盖的边缘用发箍尾胶包好。

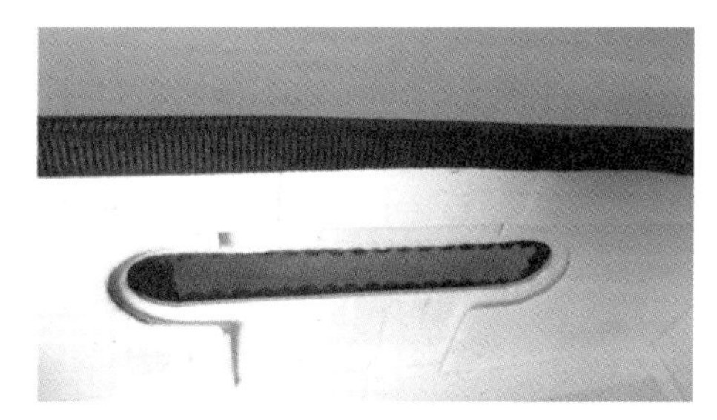

（9）包裹好包盖边缘后，依次将布条贴于盖面。

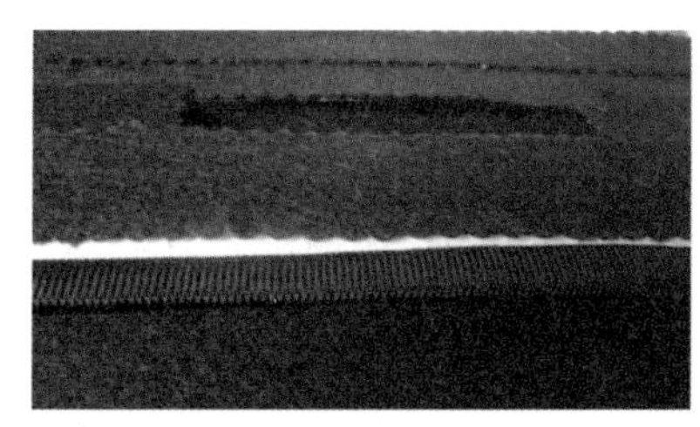

（10）将珠子用直钩穿好，然后在盒顶内壁打上小孔，把直钩穿入盒顶，然后再套上珍珠。

（11）最后将穿好的珠链从前盖拉出来即可。

案例五：草帽包

材料准备：麻绳、棉花边、小木珠若干、无纺布花朵、拉链、草帽、针线、胶枪、牛皮条。

（1）选择和帽里边差不多颜色的拉链条，将其缝合在帽子里面。

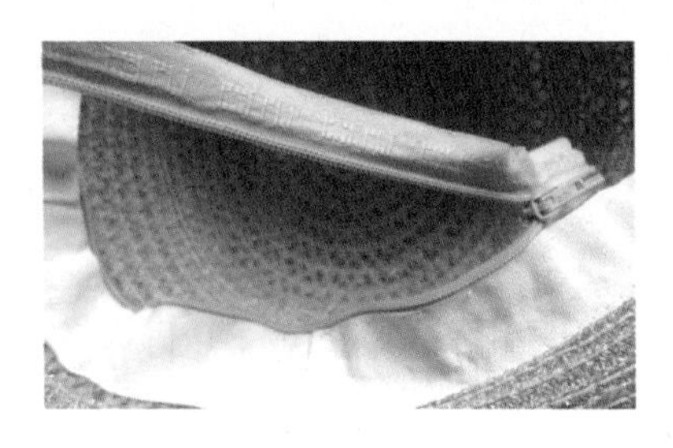
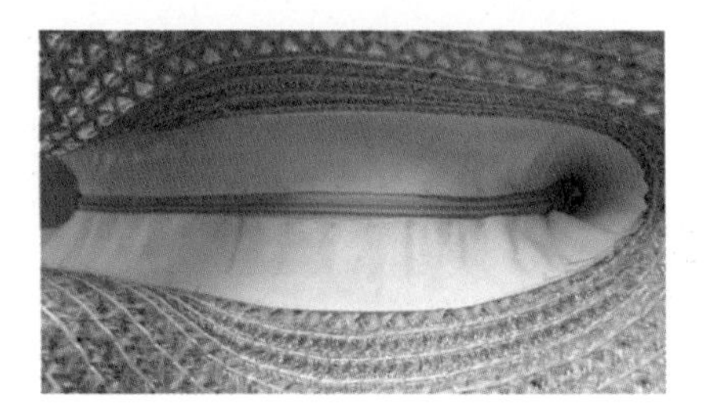

(2) 将拉链缝合好后，再将无纺布花朵与帽子粘合，然后开始编织包带，编织的时候将切好的牛皮条包裹在带身里面，这样编织出来的包带较为结实。

(3) 注意编结的绳子长度不够时，可将新加的绳子直接把上个接头包在里面编织。

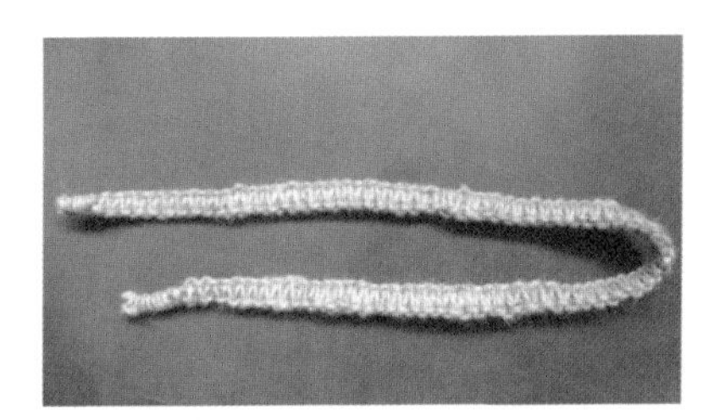

(4) 将棉花边一边折叠一边与包口缝合，再放上大的无纺布花朵。

(5) 最后将黄色小木珠粘合在棉花边上面，即可完成作品。

第二节　学生作品欣赏

一、民族风格

制作小贴士：可以用硬纸壳做底衬，再配以扎染的布料进行制作；也可以用加厚牛皮纸做包，上面用编织的布条做装饰和花朵；或将民族样式的印花图案缝制在牛仔布的包面上。还可以将基础包型做好后，用丙烯颜料手绘图案，另外还能用泡沫纸或不织布做镂空花型的包，再加以珍珠和流苏来进行装饰。

二、田园风格

制作小贴士：可以用碎花布拼缝，或者用布料做成小花朵，然后加以毛球、棉花边或者木质小扣子作为装饰和点缀。

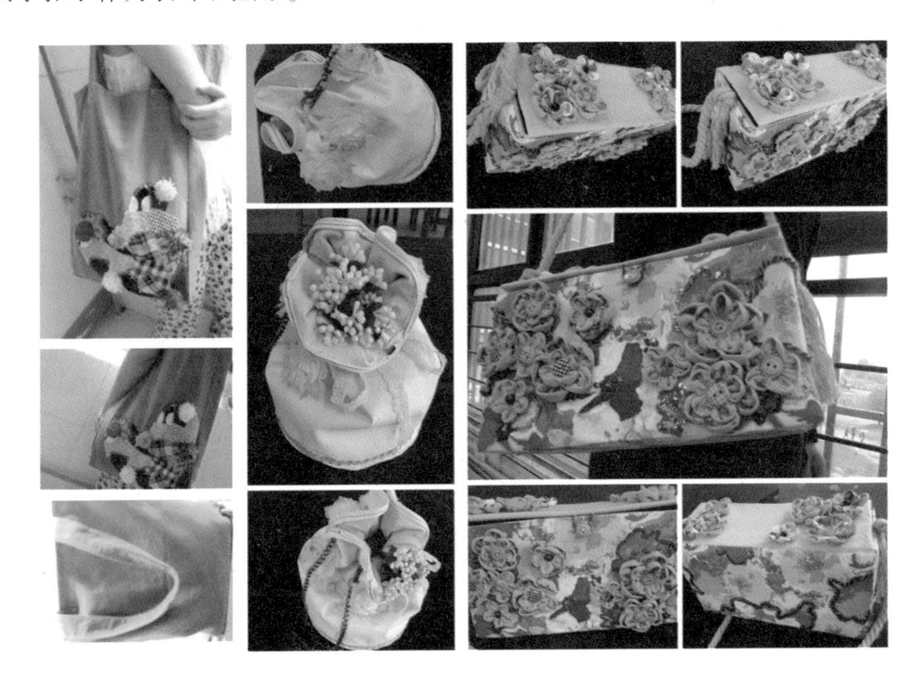

三、瑞丽风格

制作小贴士：可以将印花布料裁剪成合适的手包大小，贴好内衬；也可以采用宽丝带进行编织，贴合在里衬外，装上包口即可；还可选用镭射面料，将其裁剪成需要的形状，缝合后，用该面料做成立体小花朵进行装饰。另外也可以将牛仔面料做拉毛处理后做层叠的褶缝，或者用其与皮料做拼图的效果。

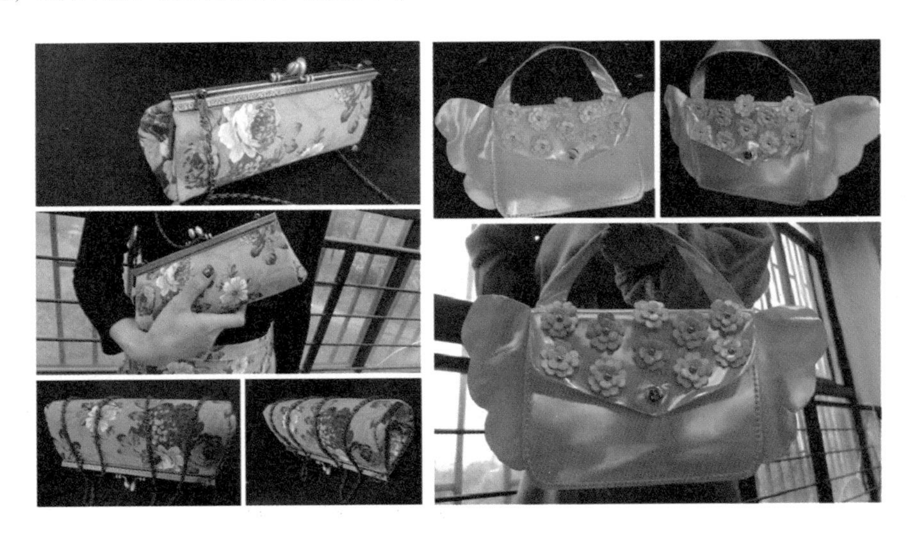

四、晚宴华丽风格

制作小贴士：可以将珠管缝制在布料上，做成手包，再将珍珠和钻饰缝合在包的结构边缘上面；还可以用厚纸盒打底，用金丝绒面料、薄纱、皮革或者蕾丝花边布来进行包裹、造型，再加以珍珠来进行装饰。另外还可以用气球做模具，将报纸糊好后吹干切半，包型完成后贴上钻饰，安上拉链和挂链即可。

五、休闲风格

制作小贴士：利用牛仔裤进行改造，用硬纸盒做内衬，将牛仔裤拉毛后粘贴于盒子上，或者将仿皮纹面料拼蕾丝花边贴在盒面上，装上链条背带即可。还可将面料进行改造，做好缝制的纹理后，将其缝制成包型，装上链条背带完成作品。

六、仿生趣味风格

制作小贴士：用加厚硬卡纸做出想要的包型，然后用麻绳、毛线、花边、小钻或者不织布贴出需要的色块特征，或者用泡沫纸剪成小半圆层叠式贴于做好的包型上，再用撞色来对包包进行装饰和添色。也可以用布做出想要的形状包裹住棉花，再做贴袋，让其有立体感，然后用丙烯手绘出想要的图案，安上包带即可。

第五章

鞋靴的设计与改造

第一节　鞋靴设计

一、鞋的种类与造型构成

鞋靴的产生是以实用目的为主的，随着时代的发展，鞋靴的种类和款式也越来越多，变化速度也越来越快，它的风格随着时尚的发展、服装的流行、审美的情趣、艺术形式等各种因素而变化着。

（一）鞋靴的分类

鞋靴多以原材料的使用、制造工艺、季节特征、造型结构、使用目的、鞋跟结构、年龄性别等方面来分类：

（1）按原材料使用可分为：牛皮鞋、猪皮鞋、羊皮鞋、鳄鱼皮、木鞋、胶鞋、棉麻鞋、帆布鞋、绣花鞋、绣珠鞋、布鞋等。

（2）按制造工艺可分为：缝制鞋、胶粘鞋、注塑鞋、模压鞋、硫化鞋。其中凡是缝制工艺制造的鞋子都属于缝制鞋，包括缝沿条鞋、暗缝鞋、大绱鞋、反绱鞋、包子鞋等。

（3）按照季节特征可分为：棉鞋、凉鞋、单鞋、保暖靴等。

（4）按造型结构可分为：筒靴、高腰鞋、低腰鞋、透空鞋、平底鞋、高跟鞋、厚底鞋、坡跟鞋、尖头鞋、方头鞋、圆头鞋、拖鞋等。

（5）按使用目的可分为：篮球鞋、足球鞋、网球鞋、滑板鞋、跑鞋、有氧鞋、运动凉鞋、拖鞋、海滩鞋、多功能鞋、马靴、舞蹈鞋、雨鞋等。

（6）按鞋跟结构可分为：平跟鞋、中跟鞋、高跟鞋、特高跟鞋、坡跟鞋、松糕鞋、无跟鞋等。

（7）按年龄性别可分为：婴幼儿鞋、童鞋、男女士鞋、孕妇鞋、中老年鞋等。

（二）鞋靴的造型设计

鞋靴的造型构成包括鞋面设计、鞋头设计、鞋底设计、鞋帮设计以及鞋的装饰设计。

（1）鞋面设计：鞋面的分割变化是非常丰富的，有全覆盖式、半覆盖式、拼接式、编结式、孔洞式、条带式、网面式，这些平面的造型设计在鞋靴整体造型中发挥着重要的作用，它是整体造型中重要的组成部分，如图 5-1 所示。

图 5-1　鞋面设计

（2）鞋头设计：鞋头主要有尖头、方头、圆头和斜头，还可以细分为扁方头、厚方头、方铲头、厚斜方头、大圆头、扁小圆头、圆铲头、小方铲头、斜圆铲头和尖头等样式。尖头造型给人感觉个性、独立、时尚，圆头的设计给人优雅端庄、甜美含蓄的感觉，方头设计给人精明、能干、刚强、自信的感觉，斜头给人精明、干练的感觉。如图 5-2 所示。

图 5-2　鞋头设计

（3）鞋底设计：鞋底是脚底与地面接触的部分，造型上可从宽窄度、厚度、外形和鞋跟上进行设计，一般男士鞋底较宽，女士鞋底较窄。鞋底造型变化主要在其厚度和跟部上，细高跟最为经典，是最能体现女性妩媚、性感的鞋型；粗跟比较稳重大方，也是属于一种百搭的鞋跟设计；坡跟鞋的设计时尚俏皮、新颖实用；平底鞋的设计大方朴素，穿着舒服方便。如图 5-3 所示。

图 5-3　鞋底设计

（4）鞋帮设计：位于脚踝以上的部分都属于鞋帮设计，许多鞋的帮很浅，常被称为矮帮鞋。高帮鞋一般被称为靴，它又可分为矮筒靴、中筒靴和长筒靴。不同帮部件的造型要与鞋靴整体造型风格相协调，其造型设计应该具有合理的结构性，即帮部件造型变化不能影响鞋靴穿着的舒适性和牢固性。在满足以上条件之外，还应具有新颖性和艺术性。如

图 5-4 所示。

图 5-4　鞋帮设计

（5）装饰设计：鞋的流行元素有铆钉、皮带扣、链子、流苏、亮片、防水台、水钻、色拼接、蝴蝶结、皮革拼接、车缝线、交叉绑带、电脑绣花、人造珠宝、标牌、拉链、扣袢、气眼、松紧带等装饰物件。如图 5-5 所示。

图 5-5　装饰设计

鞋靴形态结构式样设计可以分为创新设计和变化设计两种，创新设计是把原有的某种结构式样进行了较大的修改，让人有耳目一新的感觉；而变化设计是把原有结构式样进行一定程度的改变，仍以原有结构式样为主，只是在大小或装饰等方面进行一些变化。不管是哪种设计式样，我们都必须按照一定秩序和形式美的构成法则进行变化、组合，这样才能使我们的设计独具特色。

二、案例解说鞋靴的改造制作

案例一：个性铆钉鞋

材料准备：各种型号的铆钉若干、胶枪。

（1）首先按鞋头分割线的位置将大号铆钉用胶枪粘合好，再依次将大小不等的铆钉粘满鞋头。

（2）将鞋跟依次粘好铆钉，按不同大小等比排列粘满整个鞋后跟位置。

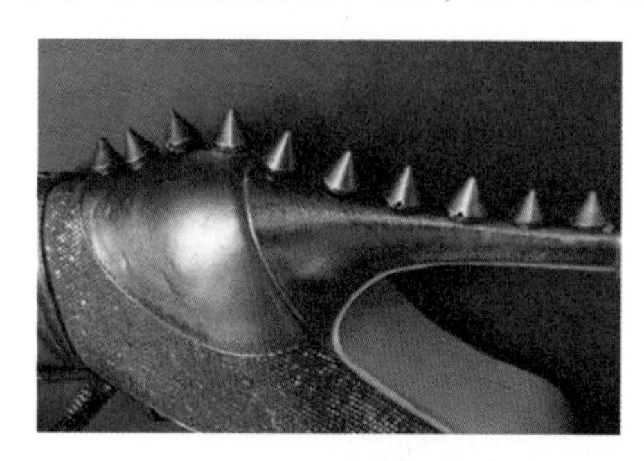

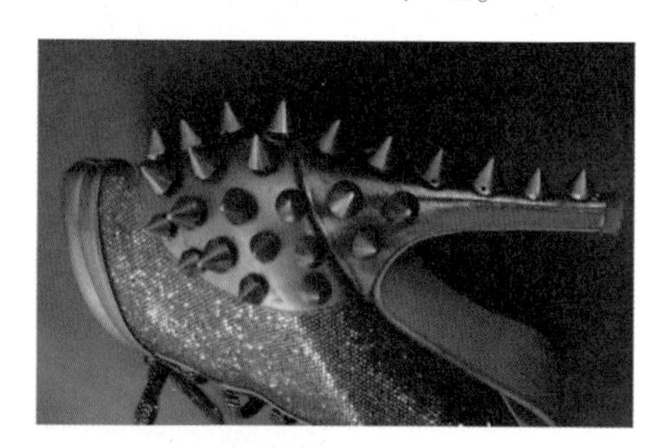

（3）沿着鞋帮粘合一圈铆钉，即可完成作品。

案例二：闪亮 PATY 鞋

材料准备：金属方片、珍珠、羽毛、胶枪。

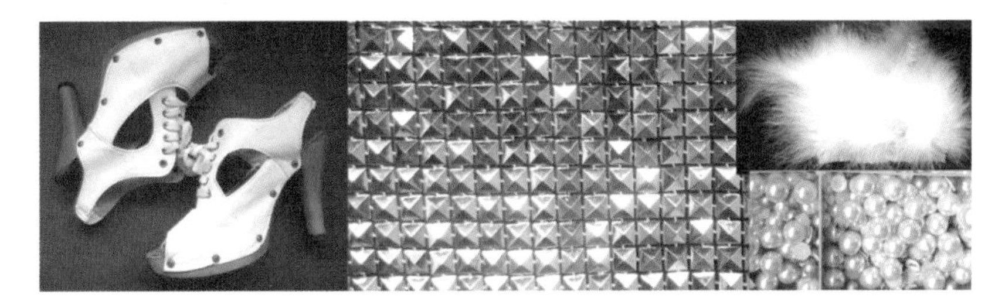

（1）先将金属方片全部剪成条状，再用胶枪将合适长度的条状方片粘合在鞋头部位。

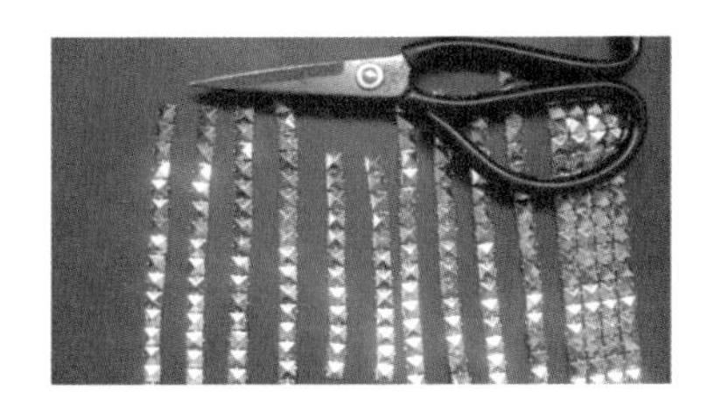
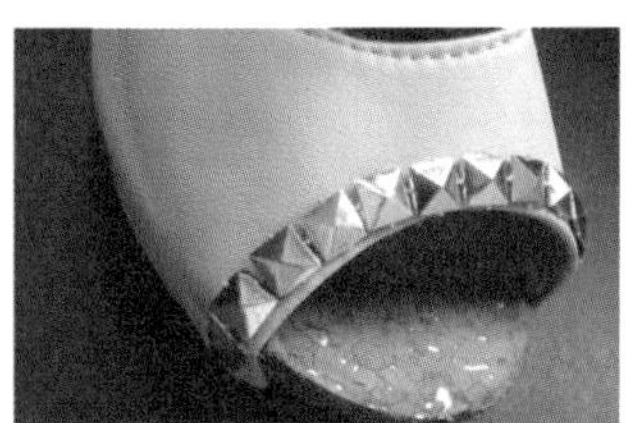

（2）将金属方片沿着鞋面的造型依次贴好。

（3）将金属方片沿着鞋子的分割型全部贴一圈，即可完成。

（4）将大珍珠贴于鞋面后，取适当长度的羽毛粘合在鞋的后部即可。

案例三：复古麻绳鞋

材料准备：麻绳、珍珠、UHU 胶水、胶枪。

（1）将鞋跟上的装饰条拆掉，在用胶枪边上胶的同时，将麻绳依次缠绕在鞋跟上。

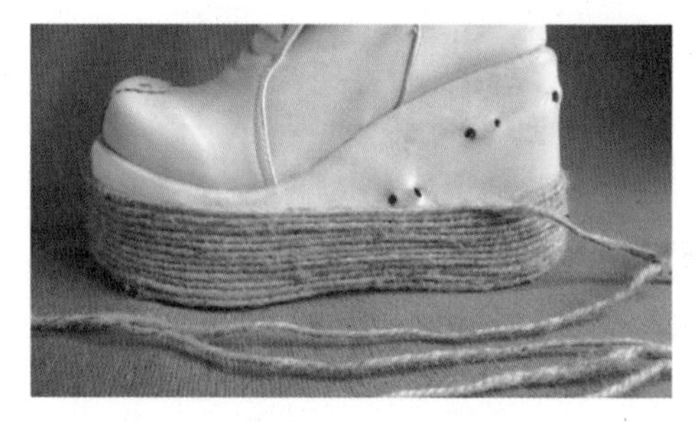

（2）缠绕到与鞋跟平齐的位置后，将麻绳从跟部最高部分位置顺着鞋型向下缠绕，同时上胶粘合。

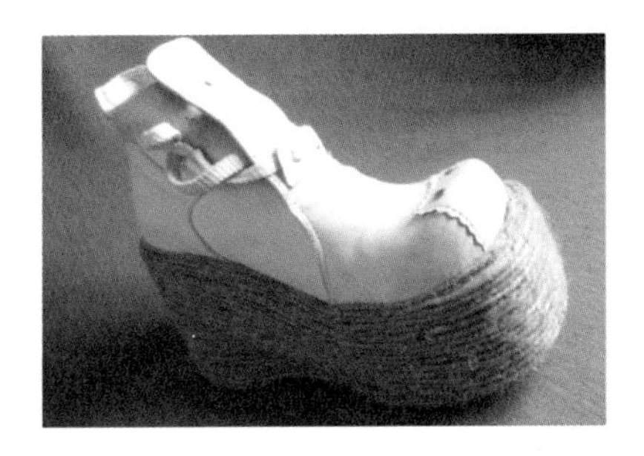

（3）按同样方法将第二只鞋跟也缠好后，分别将两只鞋的鞋舌剪掉。

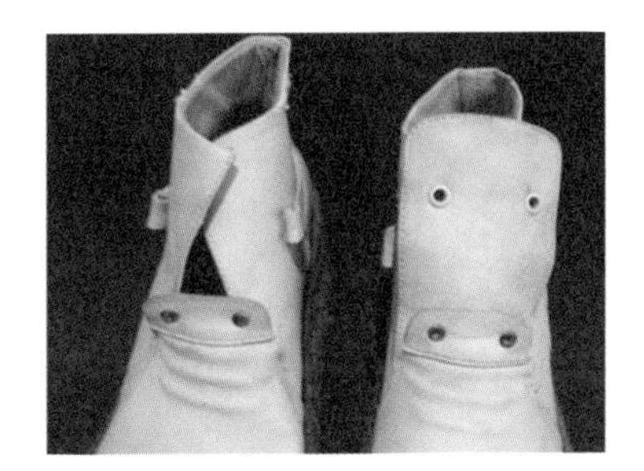

（4）将鞋帮上面缠上麻绳，穿上鞋带。

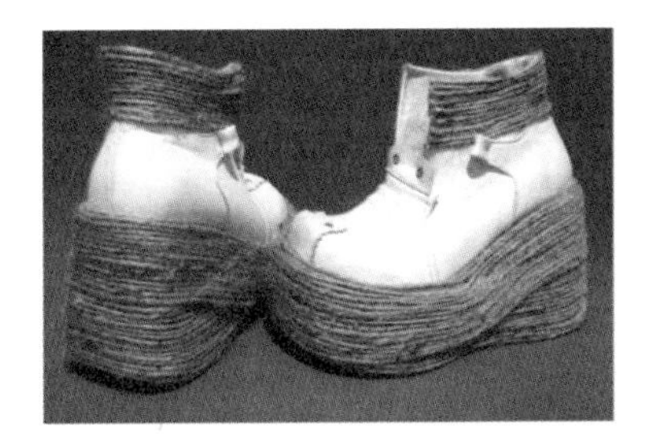

（5）用 UHU 胶水将麻绳粘成若干个大小不一的圆盘状。

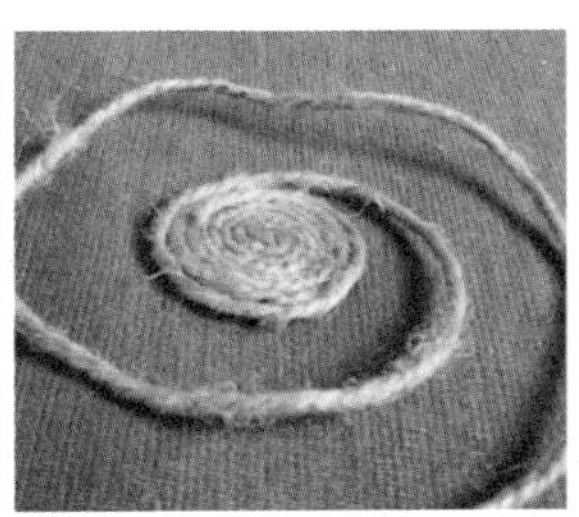

（6）将珍珠粘合在鞋头上，然后将做好的圆盘组合起来，粘合在鞋面上。

（7）将大珍珠粘合在鞋面上，将圆盘粘合在鞋帮上即可。

案例四：可爱花瓣鞋

材料准备：不织布、扣子、蝴蝶结、波浪剪、胶枪。

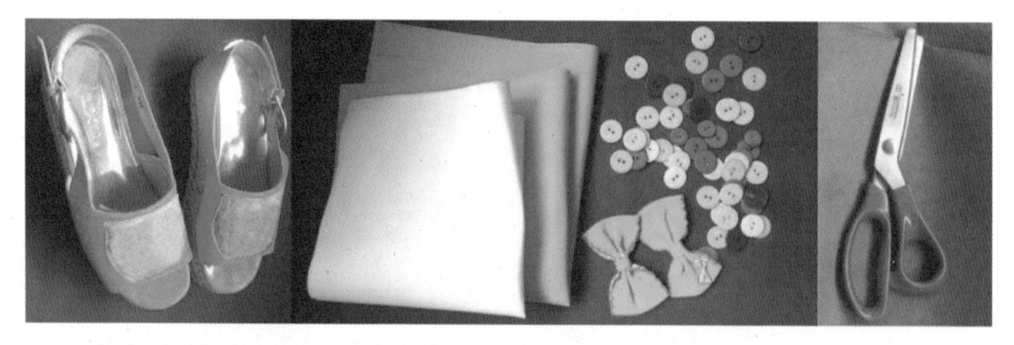

（1）根据鞋后跟的长宽，用波浪剪剪出后跟贴。

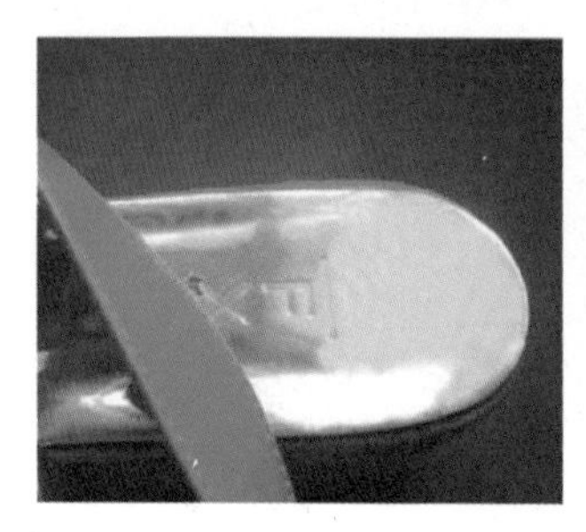
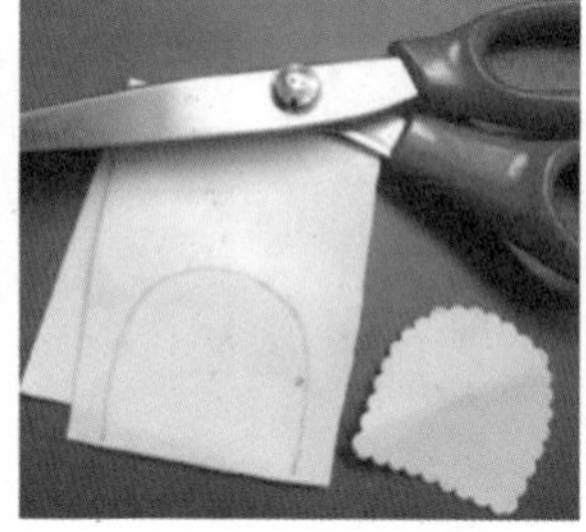

（2）用波浪剪剪出大小不一的圆片，用胶枪将其贴于鞋面上。

（3）将扣子依次粘合在鞋面的圆片上，最后将蝴蝶结粘合在鞋面即可。

第二节　学生作品欣赏

一、洛丽塔风格

制作小贴士：可以利用花朵、珍珠、七彩小木珠、毛球以及各种大小不等的钻饰和薄纱，对鞋靴的帮部、鞋面以及鞋跟做装饰设计。

二、晚宴风格

制作小贴士：把花边或者蕾丝剪成适合鞋子需要的形状，染色或者烫钻，再将其贴于鞋面上，用大小不一的珍珠和水钻对鞋子进行装饰。

三、休闲风格

制作小贴士：将鞋面部分喷漆或者改色，再用布料、皮绳、珍珠、皮草或者金属饰品在鞋帮或者鞋面做装饰效果。

四、民族风格

制作小贴士：采用民族纹样的花布和花边对鞋子进行整体的包裹，再用各种大小的木珠、银片饰品、毛球以及中国绳对鞋子进行装饰。还可以将麻绳进行编结、盘花，然后粘贴于鞋面和鞋帮上，最后用各种大小的木珠做装饰点缀。

五、舞台夸张风格

制作小贴士：可将各色毛线做成若干毛球贴于鞋面，再将蕾丝花边包裹鞋帮即可；还可以用各种大小、不同材质的绢花、珍珠或者贝壳贴于鞋面和鞋跟，用羽毛或者珊瑚在鞋后跟与侧面进行装饰。另可将蕾丝花边贴于鞋面上，用衬条将前后鞋跟连接后进行穿插编织，最后用小钻饰进行装饰点缀。

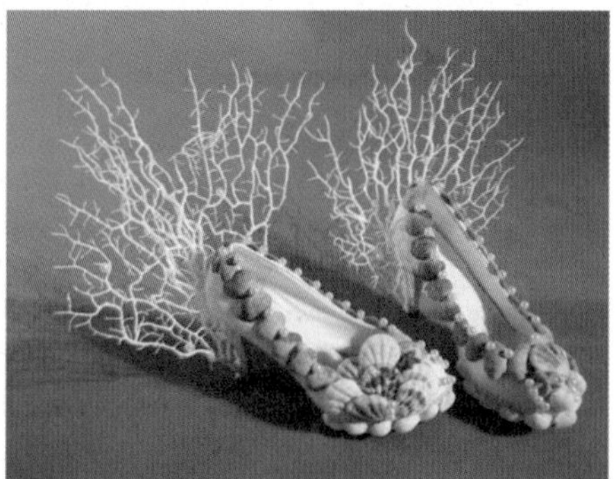

第六章

其他饰品的设计艺术与欣赏

第一节　其他饰品的设计

一、扇子的改造与设计

案例一：个性镜面扇

材料准备：扇骨架、CD 盘若干、大号玻璃钻、链条、珠子、喷漆、胶枪。

（1）用喷漆将扇骨架和 CD 盘正反面都喷成黑色。

（2）然后将 CD 依次粘合在扇骨架上面，再用胶枪将大号玻璃钻粘于 CD 盘中间。

（3）把链条穿过扇把中间的洞眼，再用连接环把珠串与扇把连接在一起即可。

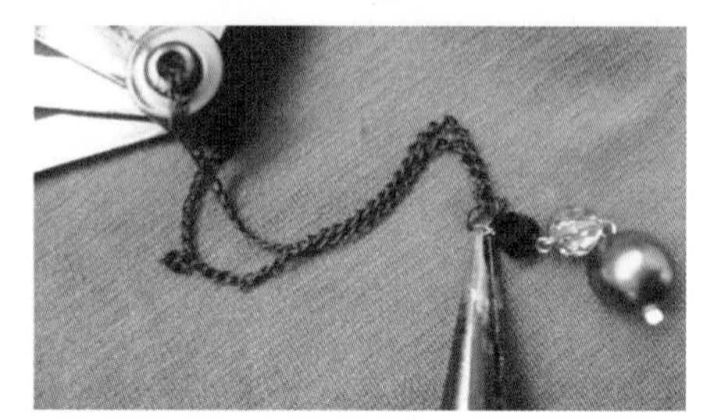

案例二：蕾丝花边扇

材料准备：扇骨架、蕾丝布、喷漆、花边、流苏线、蝴蝶结、发箍尾胶贴、UHU 胶水。

（1）将扇骨架喷成黑色，再按照扇面大小将蕾丝布剪下 2 块。

（2）在扇骨架的边缘涂上 UHU 胶水，将蕾丝布贴合在扇子的两面，剪去多余的部分。

（3）用针线把扇子边缘缝整齐，然后把蝴蝶结缝合好。

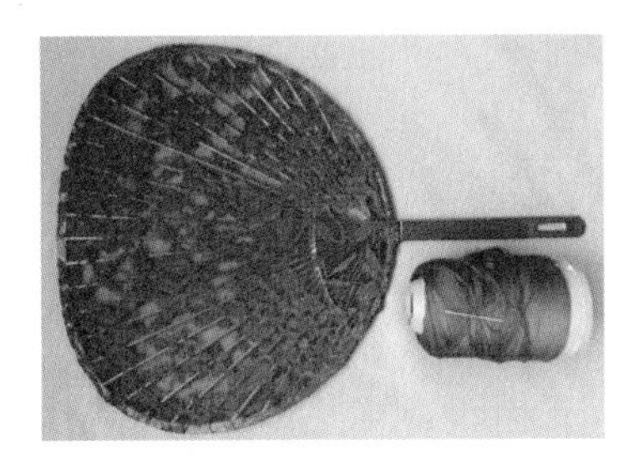

（4）将花边缝制在扇面的周边，再将发箍尾贴将扇把贴好。

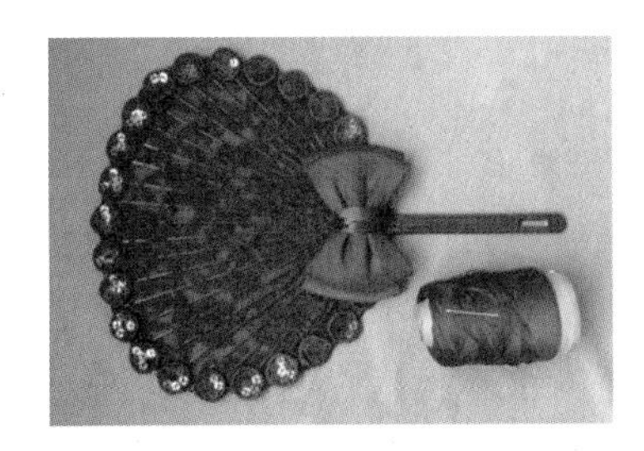

（5）将流苏线包到扇把尾部即可。

案例三：古典手绘牡丹绢扇

材料准备：空白扇面、水彩颜料、花边、羽毛、小米珠、鱼丝线。

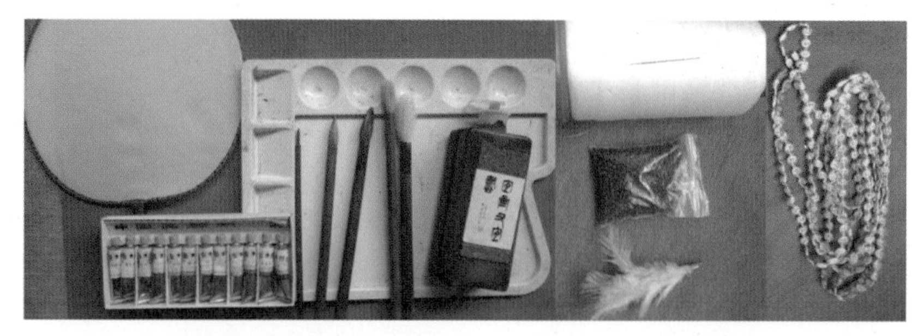

（1）将需要的水彩颜料调配好，在扇面下垫上吸水巾，开始作画。

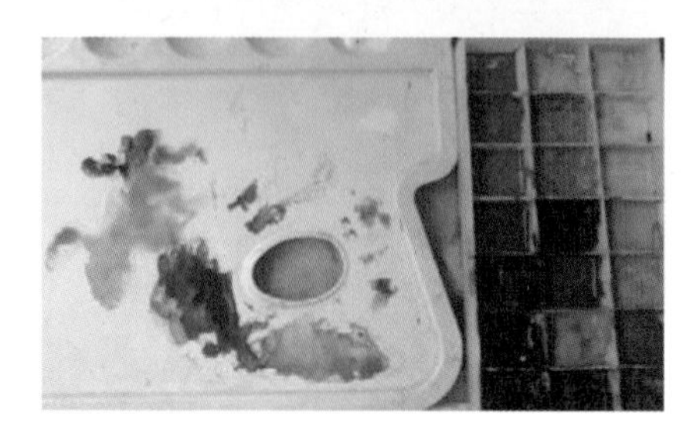

（2）将牡丹花铺上大色之后，用勾线小毛笔画出叶脉细节。

（3）用 UHU 胶水将花边沿着扇面边缘粘合好。

（4）将小米珠用鱼丝线穿好后，连接好羽毛与扇把手即可。

案例四：花瓣扇

材料准备：白色纸扇面、布艺花朵若干、UHU 胶水、各种大小珍珠若干。

（1）先将花束全部拆开后，再将大号的白色花瓣贴于扇面。

（2）将中号紫花瓣粘到白色花瓣中间，然后在小花瓣中心粘上珍珠作为花心。

（3）将粘好的小花瓣粘合在扇面的花瓣中间或者空隙里面，再将大珍珠粘在每朵大花的中心即可。

案例五：手绘兰花刀扇

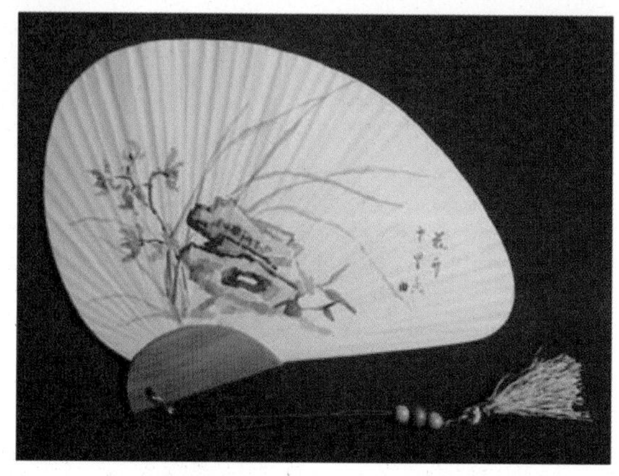

材料准备：空白刀扇、水彩颜料、小毛笔、流苏线、木珠。

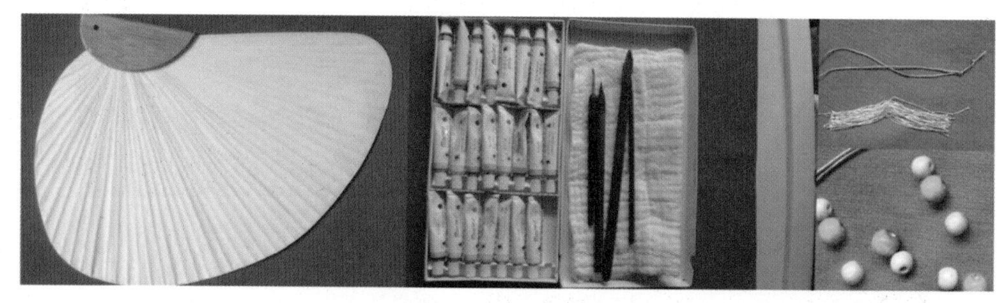

（1）在刀扇上先把黑白稿勾出来，再用淡彩上色。

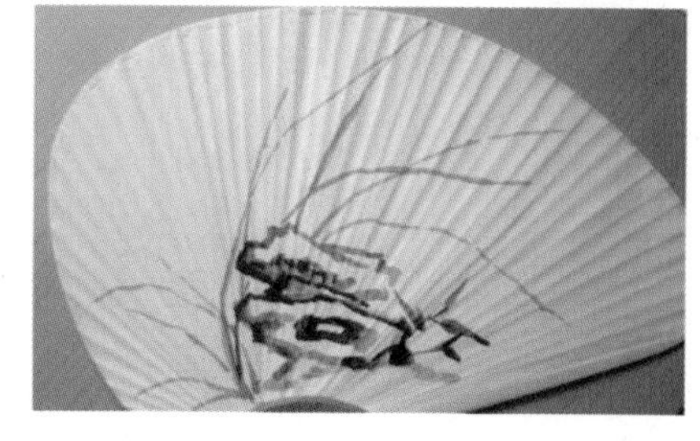

（2）把流苏线对折后用弹力绳对半穿过，系结，再用多余的绳线将流苏捆紧。

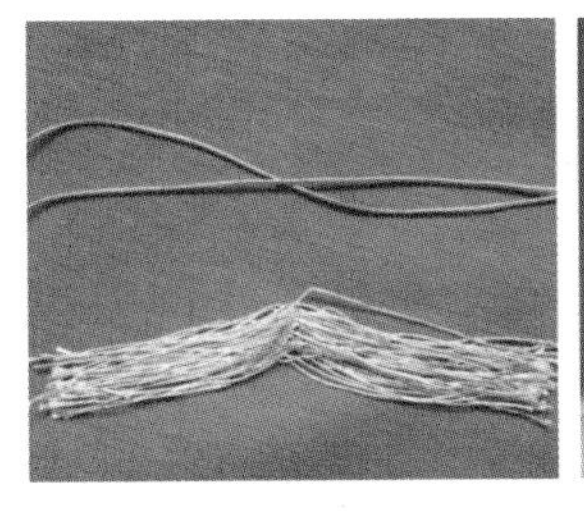

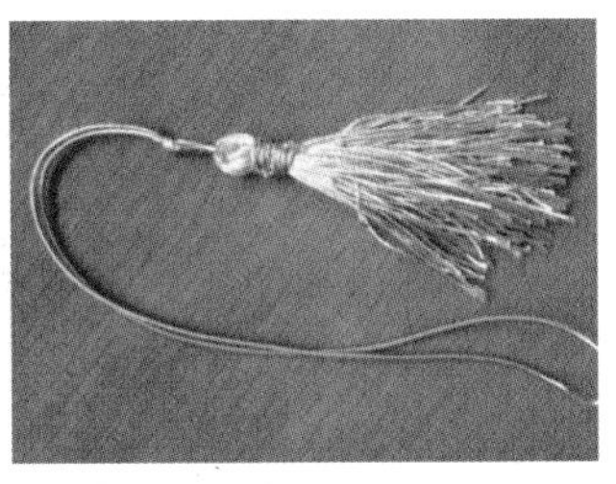

（3）在流苏的挂绳上面穿上小木珠。

（4）将木珠流苏吊坠挂在刀扇的把手上即可。

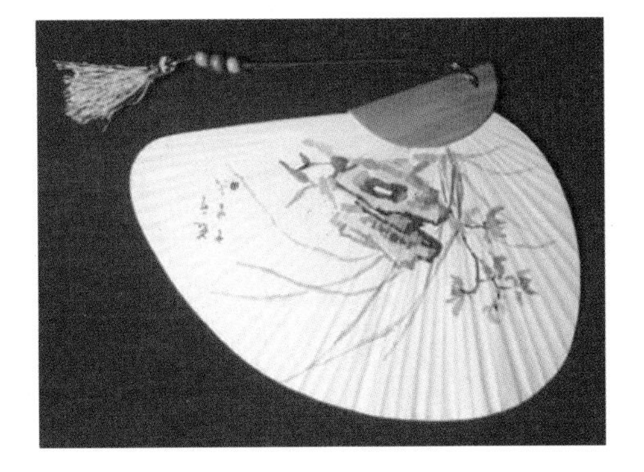

二、伞的改造与设计

案例一：花朵伞

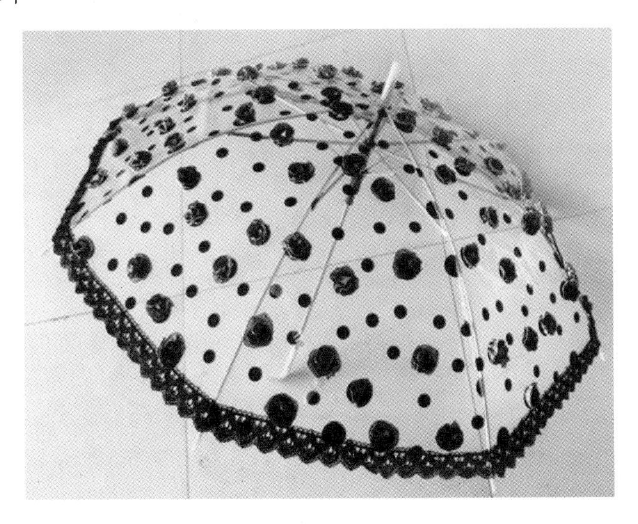

材料准备：雨伞、手工花、花边、UHU 胶水。

（1）先用 UHU 胶水将花边绕雨伞的底边贴一圈。

（2）接下来做手工花朵，将两根丝带叠着卷起，把丝带一端的底部平行缝起。

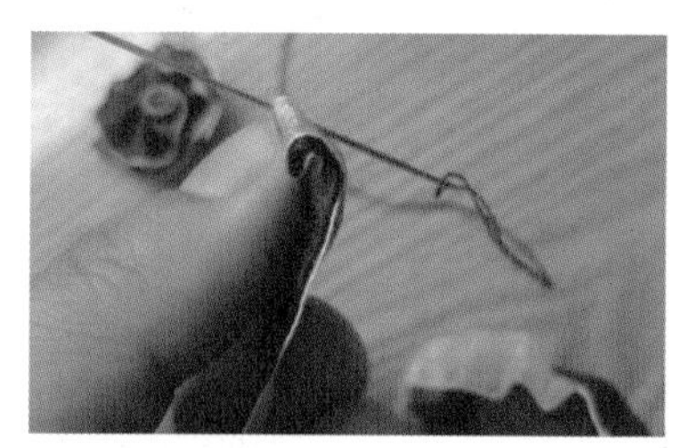

（3）将丝带一端全部平行缝完后，把线拉紧后打结即可。

（4）将做好的若干朵花按等距排列，依次粘合在雨伞上面即可。

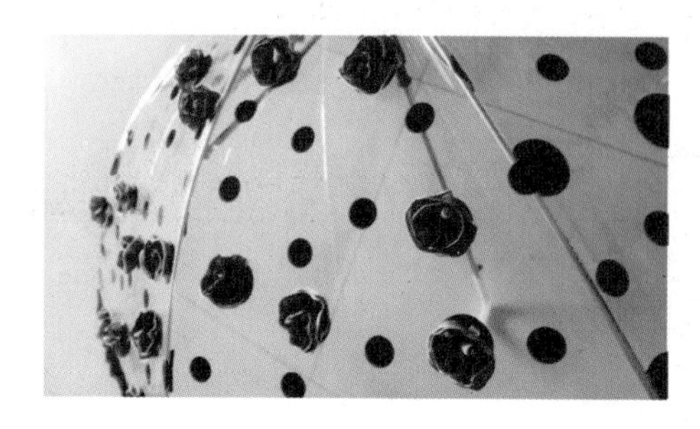

案例二：蜘蛛网伞

材料准备：透明雨伞、不织布、波浪剪、UHU 胶水。

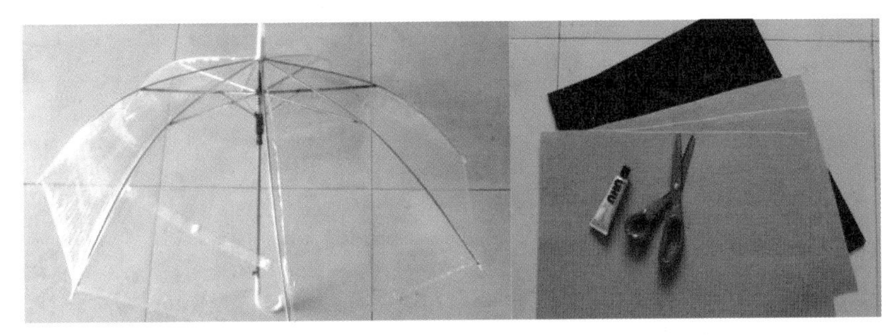

（1）用铅笔和银线笔分别在两种颜色的不织布上画上竖条，用波浪剪将其剪下。

（2）用波浪剪剪出若干不同粗细的波浪条。

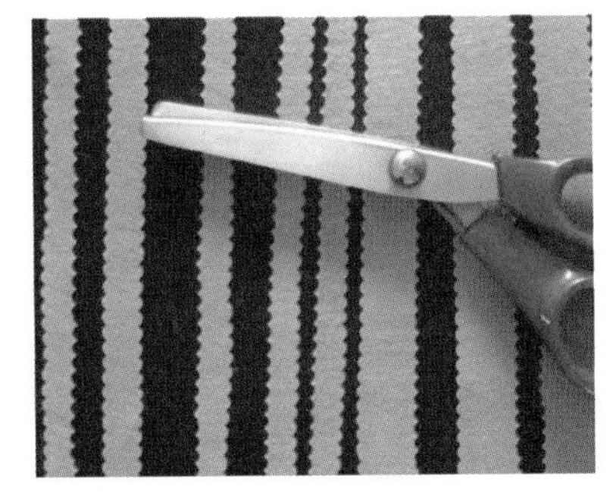

（3）将剪好的波浪条用 UHU 胶水顺着伞的轮廓依次贴好。

（4）在每根伞骨架上贴上竖线条。

（5）最后在伞边缘依次贴上黑色和灰色波浪条即可。

第二节　学生作品欣赏

一、帽子设计作品展示

1. 斗笠的制作和创意

制作小贴士：可以利用硬壳纸打底，然后选择漂亮的印花布或者白坯布进行装饰；也可用丙烯颜料在帽子上进行勾绘，再贴上小珠管进行装饰；或者用白纱做缩缝叠加设计，装饰于帽檐边。

2. 药盒帽的制作和创意

制作小贴士：可以将小纸盘或者厚卡纸做底，在上面用缎子、蕾丝花边布或者不织布做层次变化，再加以珍珠和小花作为装饰；也可以用藤编材料进行编织，在帽子下面安上发卡即可。

3. 小礼帽的制作和创意

制作小贴士：可以用平底小桶或者气球做帽模，使用加厚的白板纸做帽檐，将皮革、蕾丝面料或者毛呢对帽子进行包裹，也可做些花束或者若干小贴片，按层次叠加在帽檐上做装饰，再配上花边、羽毛和珍珠作为装饰。

4. 牛仔帽的制作和创意

制作小贴士：用锡纸碗、平底小桶或者气球做帽模，将牛仔布拉毛后进行粘贴；也可将牛仔布进行缩缝处理，再将牛仔花边粘到帽檐上进行装饰；另可用色卡纸和缎带做堆积褶效果叠于帽身上，毛边做翻转效果即可。

5. 夸张宴会帽的制作和创意

制作小贴士：可采用纸盘和铁丝做底座，上面包网纱、蕾丝或羽毛做装饰；也可以将铁丝穿入羽毛的杆中做弯曲的造型，然后将珠子和钻饰粘贴在羽毛和帽身上；还可以将亚麻绳涂上白乳胶缠绕在气球上，待干透后取下，剪出帽子的造型，再加上珍珠做点缀。

二、系列配饰设计作品展示

1. 毛线缠绕系列作品

制作小贴士： 首先将不同宽窄的铁丝和铝片用钳子夹成需要的造型，用泡沫或者硬纸壳做底，然后用毛线进行缠绕，也可以利用小珠子做一些点缀和装饰。

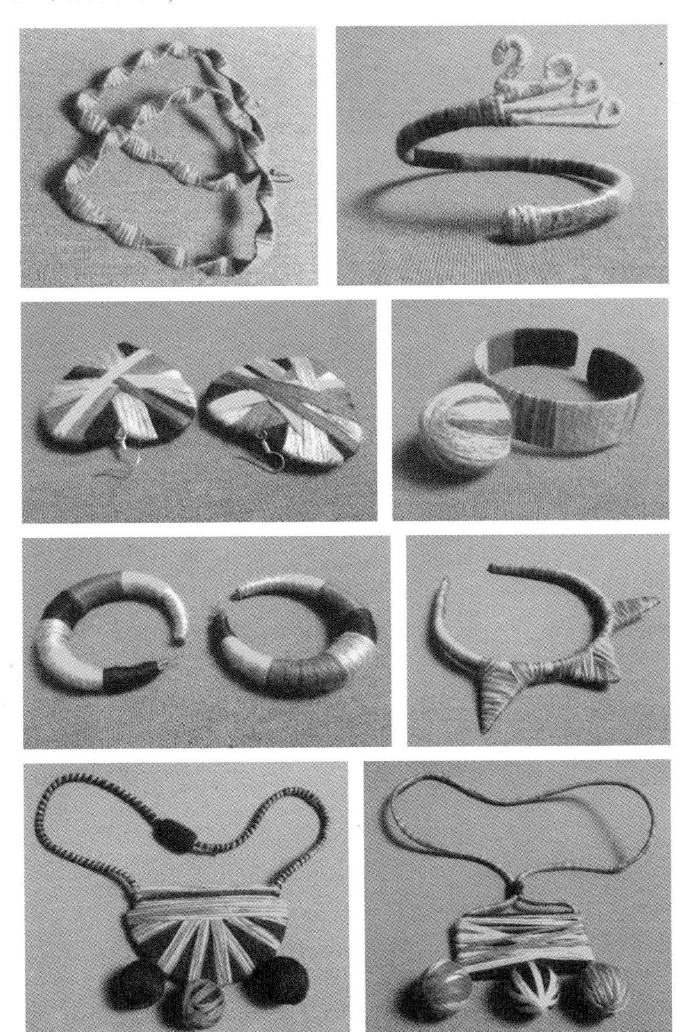

2. 羽毛珍珠系列作品

制作小贴士：用铁丝做骨架，穿上珍珠做造型，然后将羽毛与骨架相连接。

3. 牛仔布系列作品

制作小贴士：将牛仔布剪成圆形，正反面相拼接做叠加效果，在边缘用亮片指甲油封边。

4. 皮革铆钉系列作品

制作小贴士：将皮革剪成需要的形状，打上气眼，把金属饰品装上去，加上宽窄不一的金属链条。

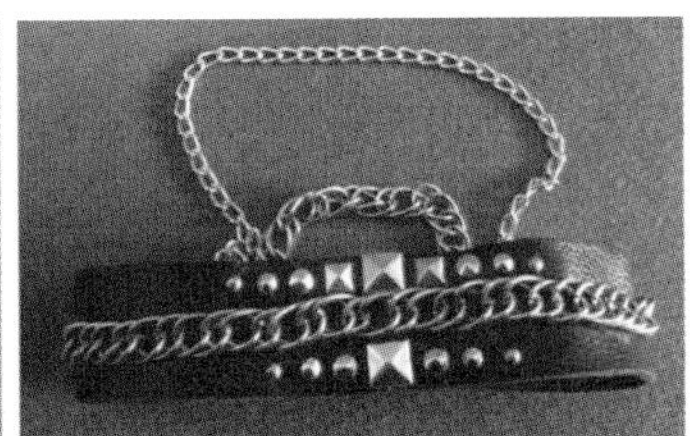

5. 铁艺缠绕系列作品

制作小贴士：将粗铁丝用钳子夹成需要的若干造型，可用白棉线、中国绳或细铁丝进行缠绕连接和装饰。

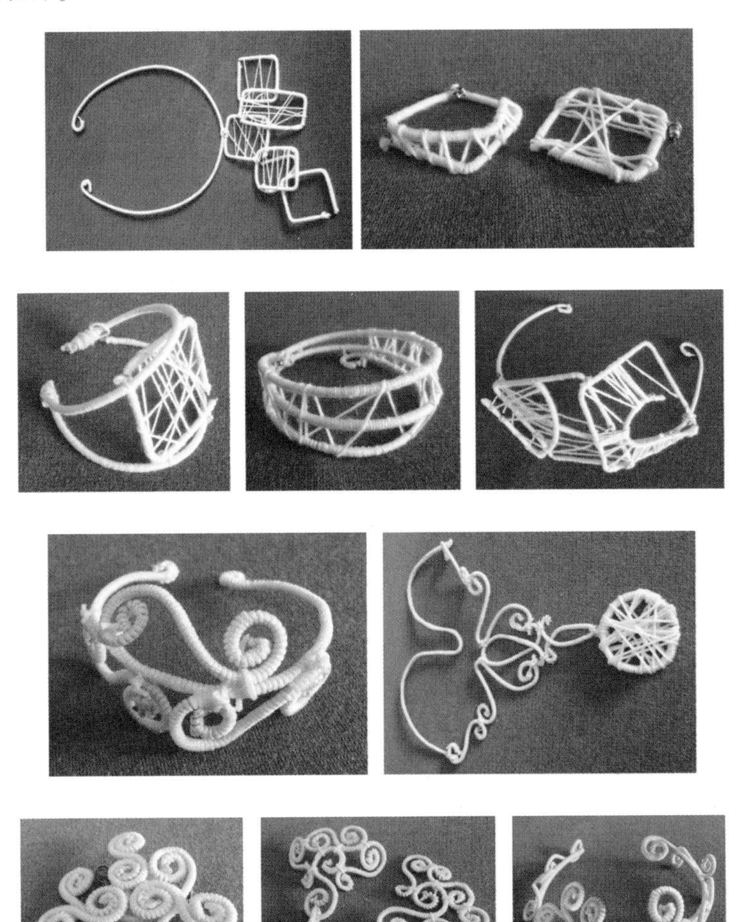

6. 布艺系列作品

制作小贴士：将小碎花布裁剪成需要的形状，包棉缝合，加上木质扣子作为装饰。还可以将小碎布剪成波浪圆形涂上锁边液，做成小花后缝合在一起，穿上珍珠，配上棉质花边即可。如要制作大型布艺配饰，可以用硬纸壳、海绵或者铁丝打底造型，再将印花布料裁剪好后进行包裹缝制，最后加上铃铛、木珠、毛球、绣花边、流苏、链条或者仿银的饰品进行加工组合，即可完成作品。

7. 中国绳串珠绣片系列作品

制作小贴士：可用中国绳进行编织、盘结，再配以复古的银饰来进行点缀，也可以选用蜡染的花布进行搭配。另外还可以使用珠片绣花的方式，把图案绣在衬布上，然后进行剪裁、包棉、缝制，再将编织好的中国绳与其缝制在一起，最后搭配珍珠加以装饰即可。

8. 扣子系列作品

制作小贴士：将棉线进行编织、盘花，与扣子缝制在一起，也可用棉线把铁丝缠绕好后，将扣子正反穿入。

9. 麻绳系列作品

制作小贴士：可选用双色或者单色麻绳进行编织、盘花，用构成法则进行排列叠加，再穿好木珠链条和装饰物。如做大型帽饰或箱包，就需要用硬纸壳或者气球做底模，用胶枪和乳胶进行粘连和定型。

10. 镭射布纸类系列作品

制作小贴士：可将铝片包裹发卡或者粗铁丝，用硬壳纸打底，将镭射布裁剪成需要的造型后与其粘合，再用构成法则将其排列，用小钻和铆钉进行装饰。还可以将PV硬纸板或者卫生纸筒芯喷色，裁剪成若干形状和大小进行粘合、拼接，叠加后再加以小钻或者珍珠进行装饰和点缀。也可用泡沫纸做成若干花球，用叠缝的方法将圆片缝制起来与花球粘合即可。

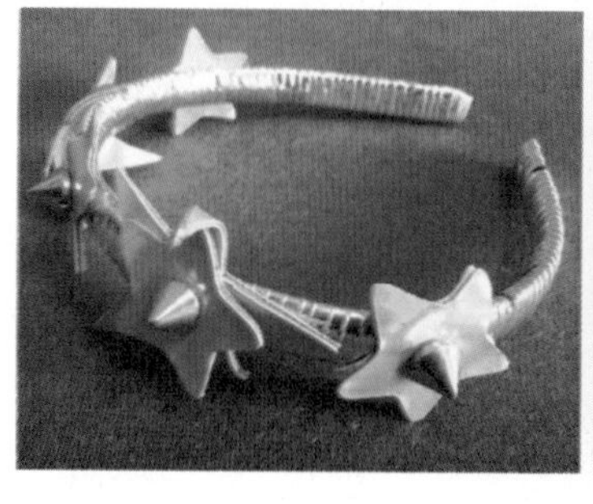

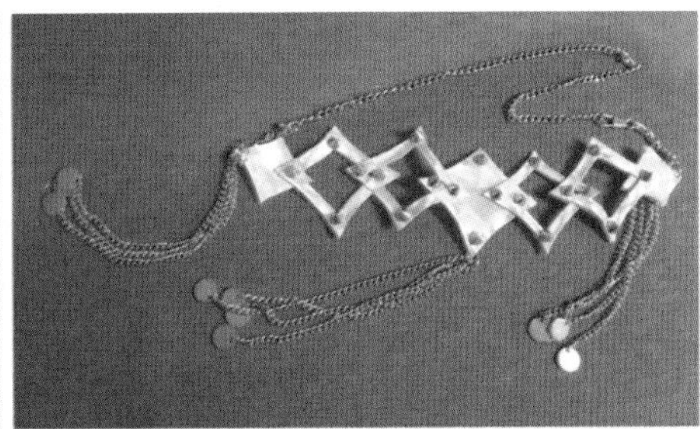

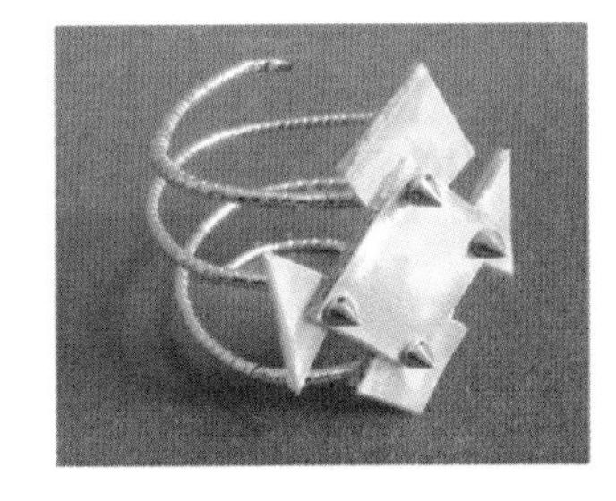
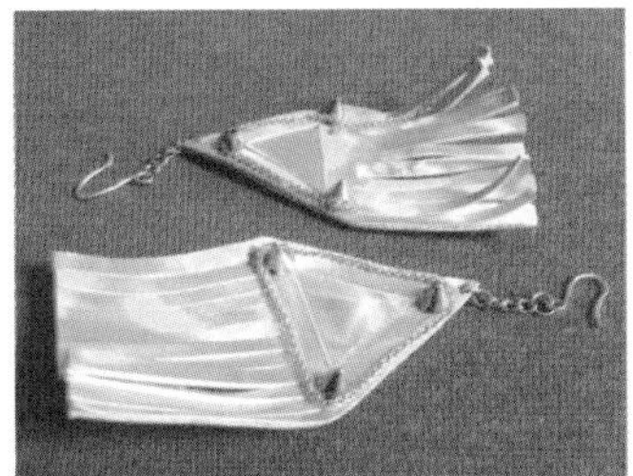
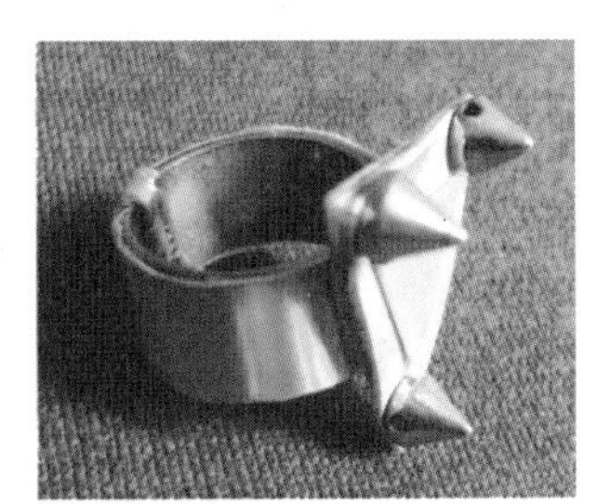

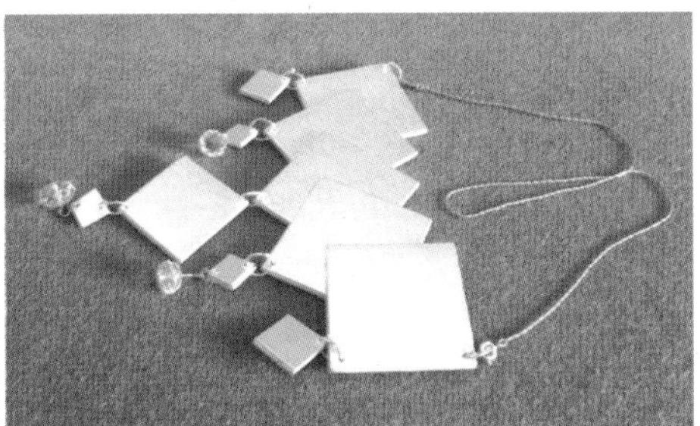

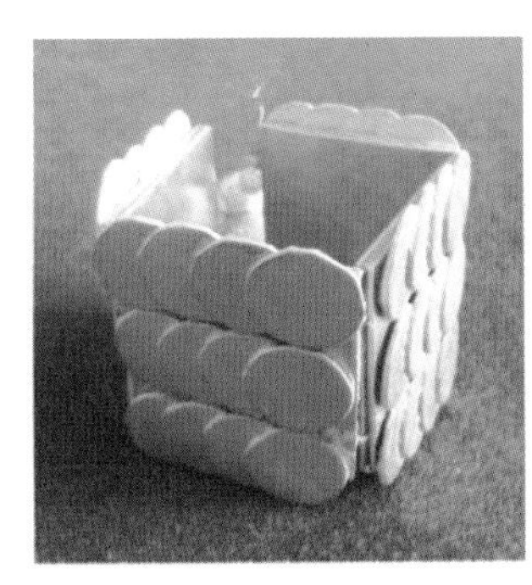

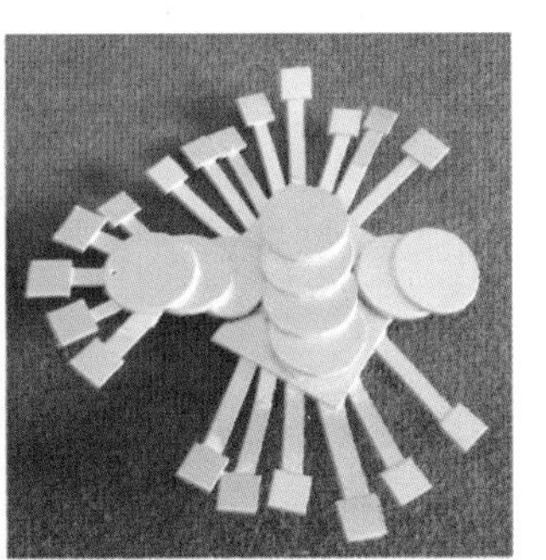

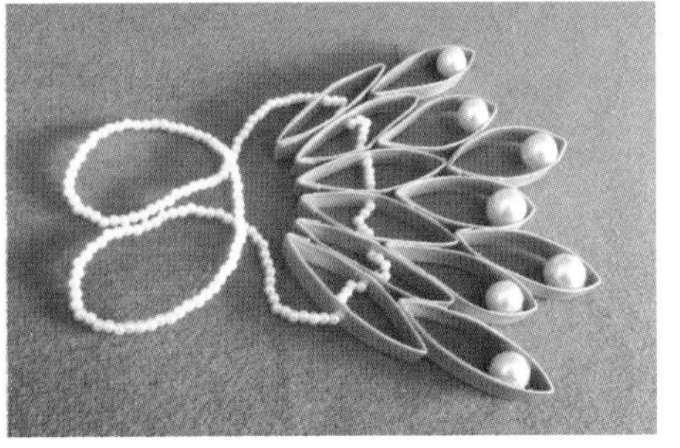

三、包袋设计优秀作品展示

1. 朋克皮革系列作品

制作小贴士：如需做立体的包包，则需要用硬纸壳打底造型，将皮革裁剪成需要的形状，与底型拼贴或者编织，最后再用胶枪将金属配饰粘合上去。

2. 手工布艺民族系列作品

制作小贴士：可用纸盒或硬纸壳打底，用雨布、不织布、牛仔布、印花布或者毛呢料进行手工拼接缝制，还可采用镂空、拉毛等手法进行制作。可用同类布料做一些手工花朵或者卡通拼图，再利用花边、扣子等材料做一些小装饰。

3. 晚宴手包系列作品

制作小贴士：用硬壳纸打底造型，用羽毛、绸缎、蕾丝花边布或者质感较华丽的镭射布进行剪裁制作，还可以利用一些切割、镂空、褶皱的手法来制作，最后加上小钻、珍珠来做点缀。

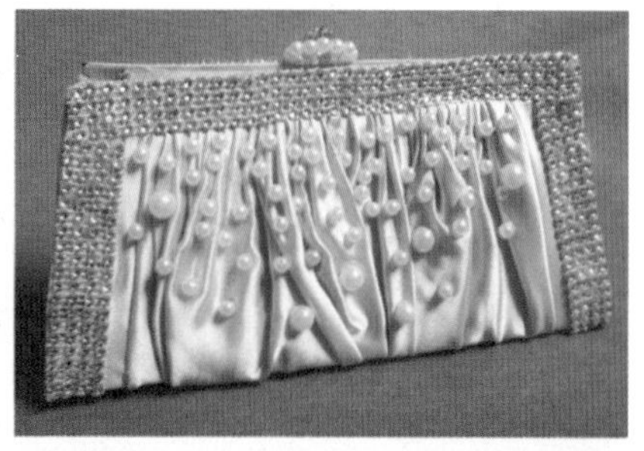

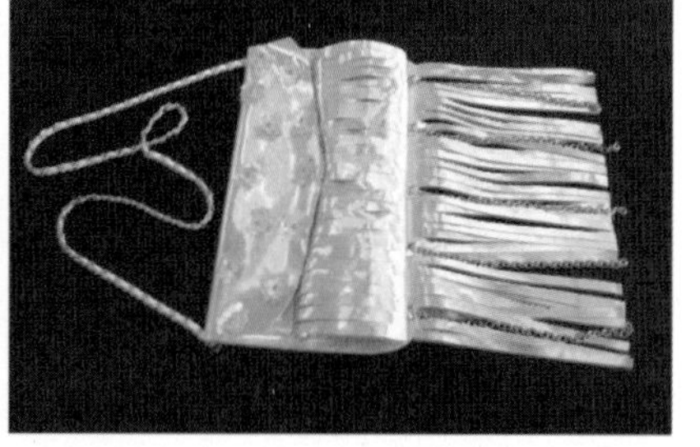

4. 创意包系列作品

制作小贴士：将需要的包型在布料上画出来，缝合后在里面可塞满棉花来增加包的立体感，最后做好背带缝好铆钉装饰物。或者用PVC的KT板做底，在上面包裹好布料，再将布料剪成若干圆片来做装饰进行点缀；还可利用透明塑料盒打底，在上面用棉绳或者麻绳进行缠绕，用扣子或者珠子做装饰。另外，也可以选用泡沫纸和皮纹布，将面料裁剪或者镂空，做叠加或者拼色处理，再用玻璃或者布艺的小扣子进行装饰加工。

四、其他配饰品设计案例欣赏

参考文献

［1］郑辉，潘力. 服装配饰设计［M］. 沈阳：辽宁科学技术出版社，2009.

［2］许星. 服饰配件艺术［M］. 北京：中国纺织出版社，1999.

［3］宣臻. 服饰配饰设计［M］. 重庆：西南师范大学出版社，2014.

［4］［英］John Lau. 时装设计元素：配饰设计［M］. 毛琦，译. 北京：中国纺织出版社，2016.

［5］黎丹文. 休闲时装配饰［M］. 北京：中国轻工业出版社，2010.